LES DIATOMÉES FOSSILES D'AUVERGNE

PAR

Le Frère HÉRIBAUD JOSEPH

PROFESSEUR ET BIBLIOTHÉCAIRE DE CLERMONT-FERRAND
LAURÉAT DE L'INSTITUT DE FRANCE
(Académie des Sciences)
MEMBRE HONORAIRE DE L'ACADÉMIE DE CLERMONT-FERRAND
ET DE LA SOCIÉTÉ BOTANIQUE DE FRANCE
ANCIEN DIRECTEUR DE L'ACADÉMIE INTERNATIONALE
DE GÉOGRAPHIE BOTANIQUE

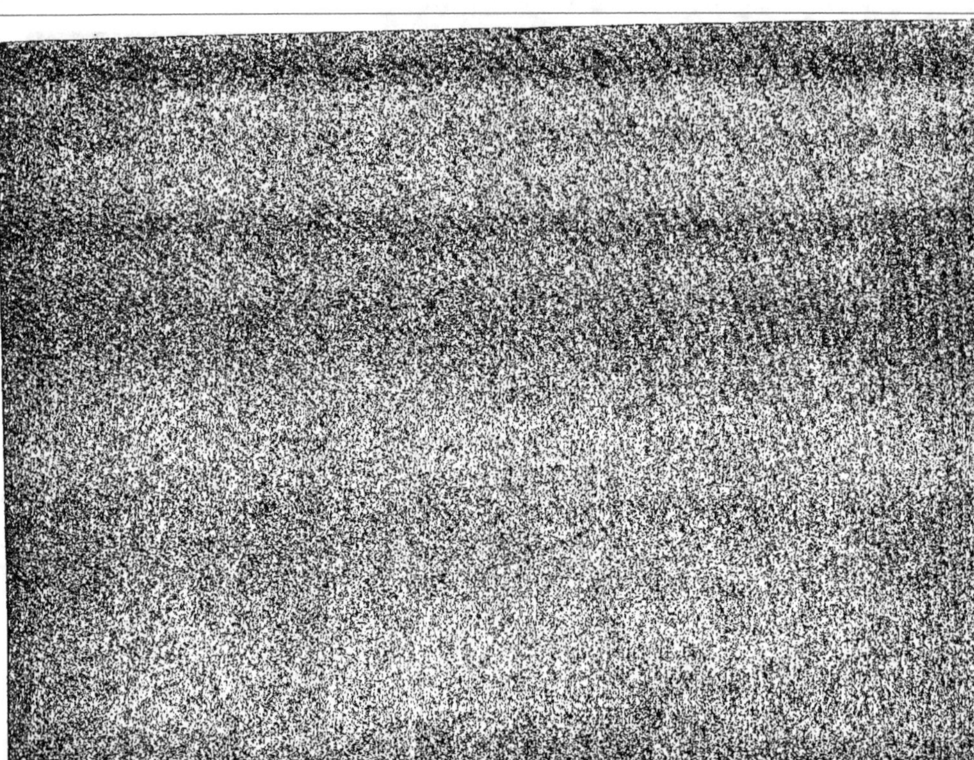

LES

DIATOMÉES FOSSILES

D'AUVERGNE

LES

DIATOMÉES FOSSILES

D'AUVERGNE

PAR

Le Frère HÉRIBAUD JOSEPH

PROFESSEUR AU PENSIONNAT DE CLERMONT-FERRAND

LAURÉAT DE L'INSTITUT DE FRANCE
(Académie des Sciences)

MEMBRE HONORAIRE ÉLU DE L'ACADÉMIE DE CLERMONT-FERRAND
ET DE LA SOCIÉTÉ BOTANIQUE DE FRANCE
ANCIEN DIRECTEUR DE L'ACADÉMIE INTERNATIONALE
DE GÉOGRAPHIE BOTANIQUE

DEO scientiarum Domino
laus et gloria.

AVEC 2 PLANCHES

DESSINÉES PAR LE COMMANDANT MAURICE PERAGALLO

PRIX : **5** FRANCS

CLERMONT-FERRAND	PARIS
PENSIONNAT	LIBRAIRIE DES SCIENCES NATURELLES
DES FRÈRES DES ÉCOLES CHRÉTIENNES	PAUL KLINCKSIECK
Rue Godefroy-de-Bouillon	3, Rue Corneille, 3

1902

PRÉFACE

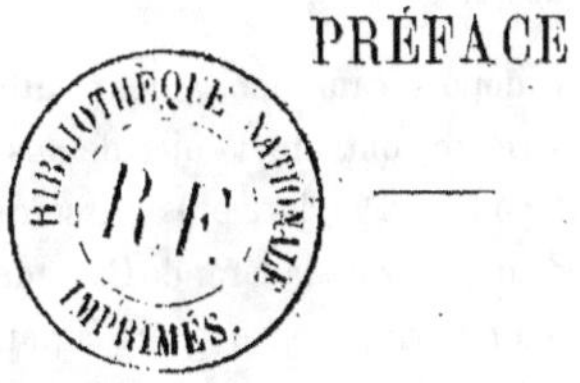

La découverte récente du vaste dépôt de Celles, près
la gare de Neussargues, par notre distingué compatriote,
M. Jean Pagès-Allary, propriétaire-industriel à Murat, et
celle du beau dépôt de la Bade, près de Collandre, par
M. A. Chareton-Chaumeil, avoué-géologue à Langres, nous
a engagé à poursuivre l'étude captivante des Diatomées
de notre belle province, et compléter ainsi, dans la mesure
du possible, le mémoire publié en 1893 sur ce groupe
d'Algues inférieures, mémoire accueilli avec trop de faveur
par les diatomistes français et étrangers, et par l'Institut
de France (Académie des Sciences).

L'étude des dépôts de Celles et de la Bade a été faite
avec le plus grand soin, d'après de nombreux échantillons
pris sur les divers points de leur masse, et à l'aide des
meilleures lentilles.

Malgré le nombre considérable de préparations examinées (environ 200), nous n'avons pas la prétention d'avoir
relevé la série complète des espèces qu'ils contiennent;
ces deux dépôts, comme ceux d'Auxillac, de Neussargues
et du Puy de Mur, ménagent encore bien des surprises

agréables aux diatomistes qui les étudieront après nous ;
ce sont des mines inépuisables.

A la suite des deux dépôts cantaliens, deux autres,
appartenant au Puy-de-Dôme, ont été l'objet de nos recherches : ce sont les dépôts de Perrier, près d'Issoire, et
celui du ravin des Egravats, près de la Grande Cascade du
Mont-Dore ; toutefois, leur florule n'offre point la variété
des dépôts de Celles et de la Bade ; nous le constaterons
plus loin.

Dans l'espoir de trouver quelques nouveautés dans les
riches dépôts d'Auxillac, de Neussargues, de Verneuges
et du Puy de Mur, nous en avons examiné des échantillons nombreux pris à différentes profondeurs, ou provenant d'affleurements découverts depuis la publication des
Diatomées d'Auvergne. Le résultat a dépassé nos espé-
rances ; en effet, avec les deux genres *Opephora* et *Campylosira*, nouveaux pour notre flore diatomique, ces dépôts nous ont encore procuré un bon nombre de formes
très intéressantes, parmi lesquelles plusieurs sont inédites.

Les deux remarquables planches de ce mémoire sont
dues au talent bien connu de M. le Commandant Maurice
Peragallo. Nous sommes heureux de lui exprimer ici nos
meilleurs remerciements pour le service précieux qu'il
nous a rendu avec la plus parfaite amabilité.

Nous offrons aussi, à M. Pagès-Allary et à M. Chareton-
Chaumeil, l'expression de notre bien vive reconnaissance
pour nous avoir communiqué les prémices de leur impor-

tante découverte, nous permettant ainsi d'établir notre droit de priorité au sujet de l'étude des dépôts de Celles et de la Bade.

Merci à notre aimable et savant compatriote, M. Pierre Marty, du château de Caillac, pour les éléments d'étude qu'il a eu l'amabilité de nous procurer ; parmi les échantillons reçus, et provenant du dépôt de Neussargues, nous avons eu le plaisir de découvrir le genre *Opephora*, encore peu connu des diatomistes français.

Enfin, nous devons à M. Charles Saintigny, agent-voyer en retraite, plusieurs échantillons du dépôt de Verneuges (Puy-de-Dôme), dépôt dont il est le propriétaire et qu'il se propose d'exploiter au point de vue industriel ; l'un des échantillons, pris à 4 mètres de profondeur, nous a fourni 3 ou 4 formes inédites fort curieuses, avec plusieurs espèces que nous n'avions pas constatées dans l'échantillon étudié en 1890, et transmis par M. l'abbé R. Crégut.

L'examen d'un assez grand nombre de récoltes de Diatomées vivantes ne nous ayant donné aucune forme nouvelle à ajouter aux espèces mentionnées dans notre travail de 1893, nous avons dû nous borner à publier, dans les pages suivantes, le résultat de nos études sur les Diatomées fossiles.

Pensionnat des Frères de Clermont-Ferrand.
25 Février 1902.

F. HÉRIBAUD JOSEPH.

DIATOMÉES FOSSILES

D'AUVERGNE

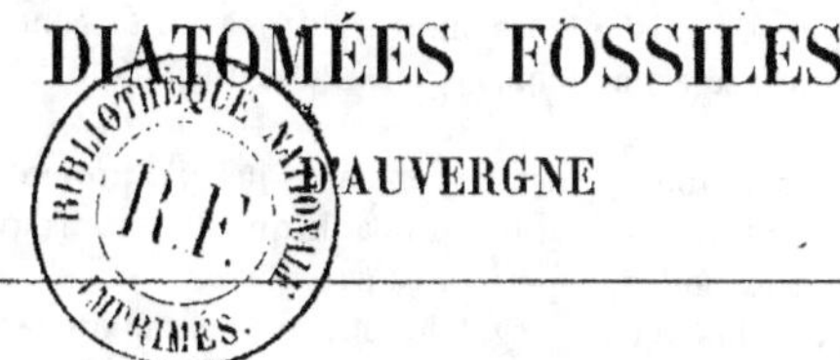

DÉPOTS ÉTUDIÉS.

Les dépôts diatomifères qui font l'objet de ce mémoire sont d'abord : les dépôts de Celles, de la Bade, de Perrier et du ravin des Egravats, découverts postérieurement à la publication des *Diatomées d'Auvergne* (1893) ; puis, les dépôts du Puy de Mur, de Verneuges, de la Bourboule, d'Auxillac et de Neussargues, déjà connus, mais dont la florule exigeait de nouvelles investigations.

I.

Dépôts nouveaux pour la Flore d'Auvergne

DÉPOT DE CELLES (Cantal)

(Pliocène supérieur).

Le dépôt de Celles, découvert au mois de juin 1901 par M. Pagès-Allary, est situé près de la gare de Neussargues, à l'altitude de 870 mètres, à l'entrée du bois de Celles et au S.-O. par rapport à la gare.

D'après les documents précis fournis par notre honorable compatriote, ce dépôt doit avoir une grande étendue, comme le prouvent les sondages effectués sur plusieurs points, et assez distants les uns des autres pour en conclure que sa surface est au moins égale à celle du dépôt d'Auxillac.

La plus grande épaisseur constatée jusqu'à présent est de 10 mètres, mais il est fort probable qu'elle sera trouvée, sur d'autres points, supérieure à ce chiffre.

Une couche de terre végétale, et des accumulations morainiques formées de roches d'origine très diverse et plus ou moins fragmentées, le recouvrent. A un certain niveau, la masse diatomifère est traversée, dans le sens horizontal, par un lit de cendres volcaniques (cinérites), de 20 à 25 centimètres d'épaisseur.

Sur un échantillon reçu nous avons constaté une bonne empreinte de feuille d'un *Fagus*, probablement *Fagus pliocenica*; il est donc évident que le dépôt renferme des végétaux fossiles, plus ou moins abondants. Or, la constatation de feuilles fossiles et l'existence d'une couche de cinérite intercalée dans l'épaisseur de la masse sont une preuve certaine que le dépôt a été remanié. Repris par les eaux à l'époque pliocène, il a été entraîné dans la dépression formée par une puissante coulée basaltique, épanchée perpendiculairement à la direction du courant boueux diatomifère, qui l'a retenu à la manière d'une digue gigantesque. La fossilisation des feuilles n'a pu s'effectuer qu'au moment où la masse à Diatomées s'est déposée dans la dépression qu'elle occupe actuellement; d'où il résulte que la florule phanérogamique est postérieure à la florule diatomique, c'est-à-dire à la formation du dépôt. Au cours de ce mémoire nous aurons à revenir sur ce point très instructif, concernant les deux florules des dépôts diatomifères remaniés.

Le dépôt repose directement sur une assise de terre noire et compacte dont la formation ne s'explique pas facilement, à moins d'y voir simplement le sol tourbeux d'un ancien marais, modifié à la fois par les émissions volcani-

ques et par une forte pression ; mais, ce n'est là qu'une
indication pour nos compatriotes géologues ; n'ayant pas
étudié ce point spécial de la question, nous leur laissons
le soin de l'élucider.

A l'état sec, le dépôt est d'un blanc grisâtre, pulvérulent,
onctueux au toucher et d'une pureté remarquable, à en
juger par les échantillons étudiés. A notre avis, il est
de tout premier ordre au point de vue des applications
industrielles, bien supérieur aux meilleurs dépôts allemands, trop longtemps utilisés en France, au préjudice de
ceux d'Auvergne.

Les deux Diatomées caractéristiques, et qui forment la
plus grande partie de la masse du dépôt, sont : le *Cyclotella Iris* avec sa variété *integra*, et le *Melosira spiralis*,
avec ses deux variétés *hemisphærica* et *sphærica*, extrêmement curieuses.

Ces Diatomées, à valves très épaisses, très résistantes,
sont rarement fragmentées, et c'est précisément à cette
particularité que le dépôt de Celles doit ses qualités tout
à fait supérieures. Les dépôts allemands, que nous avons
beaucoup étudiés à l'occasion de la publication des *Diatomées d'Auvergne*, sont formés en grande partie d'espèces
appartenant aux genres *Fragilaria, Navicula, Nitzschia,
Synedra*, etc., à valves minces, très fragiles, d'où il résulte que les frustules sont presque toujours brisés ; or, il
est évident que, dans ces conditions, les dépôts allemands
sont très inférieurs à celui de Celles, au point de vue spécial du pouvoir absorbant. Dans la plupart des applications
industrielles, en particulier pour la fabrication de la dyna-
mite, le dépôt cantalien doit leur être préféré.

Voici la série des espèces et variétés observées dans les
échantillons examinés (1) :

(1) Les Diatomées déjà connues sont imprimées en *italique*, et les espèces et variétés nouvelles en **égyptien**.

Cocconeis linéata Grun. var. *euglypta* Grun. (Diat. d'Auv. p. 46). AR.

Gomphonema biventralis F. Hérib. et M. Per. (Pl. VIII, fig. 3). — Analogue au *Gomph. acuminatum* Ehrb., mais présentant deux étranglements au lieu d'un seul. Longueur 75 μ, largeur de la tête 18 μ ; les deux parties ventrales ont respectivement 15 et 10 μ. Raphé presque invisible. Aréa assez large, s'élargissant ou se rétrécissant dans le sens des bords de la valve. Stries nettement granulées, au nombre de 9 en 10 μ au centre, un peu plus écartées à la tête, et plus serrées au contraire à l'autre extrémité. R.

Gomphonema insigne Greg. var. **acuminata** M. Per. et F. Hérib. (Pl. VIII, fig. 4). — Diffère du type par sa forme nettement anguleuse, et dont la tête est brusquement diminuée pour se terminer en pointe. Longueur 65 μ. Stries fines, au nombre de 16 en 10 μ. RR.

Gomph. acuminatum Ehrb. (Diat. d'Auv., p. 53). R.

— *geminatum* Ag. *nec* Ktz. (Diat. d'Auv., p. 52). R.

— *intricatum* Ktz. (Diat. d'Auv., p. 57). RR.

— *subtile* Ehrb. (Diat. d'Auv., p. 58). RR.

— *subclavatum* Grun. (Diat. d'Auv., p. 55). R.

— — var. **major** F. Hérib. et M. Per. — Se distingue du type par sa plus grande longueur, et par les stries moins serrées. Longueur 66 μ. Stries au nombre de 11 en 10 μ. R.

Amphora affinis Ktz. (Diat. d'Auv., p. 63). AR.

Cymbella scotica W. Sm. ; V. H. pl. 2, fig. 21. R.

— *aspera* Ehrb. (Diat. d'Auv., p. 69). R.

— *cymbiformis* Ehrb. (Diat. d'Auv., p. 69). R.

Encyonema Girodi F. Hérib. (Pl. VII, fig 18). — Espèce très distincte. Longueur 80 μ, largeur 15 μ ; ventre et dos gibbeux ; gibbosité du ventre plus sensible que celle du dos. Raphé droit. Nodules terminaux en forme de virgule, placés contre le bord dorsal et assez loin de l'extrémité de la valve. Aréa s'élargissant autour du nodule central et des nodules terminaux. Stries de la face dorsale convergentes, et au nombre de 6 1/2 à 7 en 10 μ au centre, mais plus serrées aux extrémités, nettement granulées et plus fortes vers les bords que vers le raphé. Stries de la face ventrale au nombre de 8 en 10 μ au centre, où elles sont convergentes, puis divergentes pour converger autour des nodules terminaux, où elles sont beaucoup plus serrées qu'au centre, moins nettement granulées que celles de la face dorsale.

Nous dédions cette belle Diatomée à M. le Dr Paul Girod, professeur de Botanique à l'Université de Clermont, en reconnaissance de l'intérêt qu'il nous a constamment témoigné au cours de nos recherches sur les Diatomées d'Auvergne.

Navicula cellesensis F. Hérib. et M. Per. (Pl. VII, fig. 13). — De forme lenticulaire, à extrémités très largement arrondies. Longueur 58 μ, largeur 15 μ. Raphé filiforme, à nodules terminaux petits, en forme de crochets, et dont les deux parties se recourbent dans le même sens pour former le nodule central. Stries marginales fines, au nombre de 12 en 10 μ, laissant une large aréa centrale limitée par des lignes à peu près parallèles aux bords de la valve. RR.

La Navicule du dépôt de Celles, ressemble à une petite forme du *Navicula instabilis* A. Sch., Atl., pl. 43, fig. 39, qui est une espèce marine de l'Amérique du Sud.

Navicula Gomontiana F. Hérib. (Pl. VII, fig. 14). — De forme lenticulaire, à extrémités assez largement arrondies et légèrement subrostrées. Longueur 57 μ, largeur 23 μ. Raphé porté sur une surélévation de la valve, assez fort au nodule central et s'atténuant jusqu'aux nodules terminaux qui sont arrondis et très petits. Stries

convergentes, courbes, paraissant lisses, au nombre de 6
en 10 μ au centre, mais plus serrées aux extrémités, où
elles arrivent jusqu'au surélèvement de la valve portant le
raphé, tandis qu'au centre elles laissent une aréa en forme
de losange. R.

Notre *Navicula Gomontiana* est analogue au *Navicula
Placentula* d'Ehrenberg, mais il s'en distingue nettement
par la forme du raphé et par les extrémités de la valve.

Cette Navicule est dédiée à M. Maurice Gomont, l'au-
teur bien connu de la savante Monographie des Oscillariées
et de plusieurs autres publications algologiques, notamment d'un mémoire très remarquable sur les Algues du
Cantal.

Navicula nobilis Ehrb. (Diat. d'Auv., p. 80). R.
— *major* Ktz. (Diat. d'Auv., p. 82). AC.
— *viridis* Ktz. (Diat. d'Auv., p. 83). R.
— *rupestris* Ktz. (Diat. d'Auv., p. 84). RR.
— *acrosphæria* Bréb. var. *lœvis* (Diat. d'Auv., p. 93). R.
— *rhomboides* Ehrb. (Diat. d'Auv., p. 110). RR.
— **transversa** A. Sch. RR.
— *limosa* Ktz. var. *gibberula* Grun. (Diat. d'Auv.,
    p. 112). RR.
— *elliptica* Ktz. (Diat. d'Auv., p. 104). AR.

Navicula Pagesi F. Hérib. (Pl. VII, fig. 7). — De
forme largement elliptique. Longueur 50 à 75 μ, largeur
30 à 40 μ. Raphé très fin, non entouré de bourrelets siliceux; nodules terminaux petits, un peu éloignés des extrémités de la valve ; nodule central formé de deux granules bien ronds. Aréa étroite, dilatée autour du nodule central. Sillons latéraux bien définis, allant en s'élargissant
progressivement des extrémités au centre de la valve.
Stries convergentes, au nombre de 9 en 10 μ, formées de
granules jointifs dans tous les sens, mais alignés suivant
la direction des stries; on peut dire également que les
stries sont jointives, divisées en travers, chaque division

formée par un granule. — Se distingue du *Navicula elliptica* Ktz. par sa taille et par le nombre de ses stries. AC.

Pantocseck figure dans son ouvrage sur les Diatomées
fossiles de Hongrie, III, pl. 17, fig. 246, sous le nom de
Navicula carpathorum, une forme qui ressemble assez
bien au *Navicula Pagesi*, mais le raphé est très différent
chez les deux espèces, et ne permet pas de les confondre.

Cette jolie Diatomée est dédiée à M. Jean Pagès-Allary,
en souvenir de son intéressante découverte.

Pleurosigma attenuatum Ktz. (Diat. d'Auv., p. 122). R.
Epithemia turgida Ktz. (Diat. d'Auv., p. 124). AC.
— *Hyndmannii* W. Sm. (Diat. d'Auv., p. 125). C.
— *gibba* Ehrb. (Diat. d'Auv., p. 126). R.
— *Sorex* Ktz. (Diat. d'Auv., p. 126). AR.
— *Zebra* Ktz. (Diat. d'Auv., p. 127). C.
— *Argus* Ktz. var. *amphicephala* Grun. (Diat. d'Auv.,
    p. 127). R.
Eunotia pectinalis Rab. var. *stricta* Rab. (Diat. d'Auv.,
    p. 132). AR.
— *impressa* Ehrb. var. *angusta* Grun. (Diat. d'Auv.,
    p. 134). R.
— *polyglyphis* Ehrb. (Diat. d'Auv., p. 134). R.
Synedra Ulna Ehrb. (Diat. d'Auv., p. 137). RR.
— *capitata* Ehrb. (Diat. d'Auv., p. 139). RR.

Actinella pliocenica F. Hérib. et M. Per. (Pl. VIII,
fig. 7). — Longueur environ 100 μ, largeur de la plus
grosse extrémité 10 à 12 μ; n'ayant pu observer de frustules entiers la petite extrémité nous est inconnue. Les
bords de la valve ne portent pas de perles, mais seulement
de petites granulations en nombre égal à celui des stries,
et formées par leur prolongement. Stries transversales
fines, non distinctement granulées, au nombre de 10 en
10 μ, et un peu plus serrées à la grosse extrémité. AC.

Notre *Actinella* ressemble à l'*Actinella brasiliensis* de
Grunow. (V. H. Syn., pl. 35, fig. 19), espèce récente du

Brésil ; mais les deux espèces sont bien distinctes ; elles diffèrent en effet par le nombre de leurs stries, et surtout par l'absence, sur la Diatomée de Celles, des perles marginales que l'on voit sur les bords de la valve de celle du Brésil.

Le genre *Actinella,* créé par Lewis, en 1881, ne comprenait encore que quatre ou cinq espèces toutes étrangères à l'Europe ; deux appartiennent au Brésil, une à la Guyane et la quatrième à l'Amérique du Nord. Nous ignorons la patrie de l'*Actinella scala,* publié depuis peu, par M. Brun, professeur de Micrographie à l'Université de Genève. — Le genre *Actinella* est donc nouveau pour la flore européenne.

Asterionella antiqua F. Hérib. et M. Per. (Pl. VIII, fig. 8, *sp. ?*). — En comparant la fig. 8 de notre pl. VIII à la fig. 20 de la pl. 51 du Synopsis de Van Heurck, il est bien évident que notre Diatomée est un *Asterionella,* mais le doute subsiste au point de vue de l'espèce, n'ayant pu observer un frustule entier. Largeur 7μ ; 12 stries en 10μ, interrompues par un pseudo-raphé assez large. R.

Fragilaria brevistriata Grun. (Diat. d'Auv., p. 146). AC.
— *intermedia* Grun. (Diat. d'Auv., p. 146). RR.
Tabellaria fenestrata Ktz. (Diat. d'Auv., p. 154). AR.

Tetracyclus costellatus (Ehrb.) *nob.* (Pl. VIII, fig. 12). = *Biblarium costellatum* Ehrb. RR.

Tetracyclus elegans (Ehrb., Microg.) *nob.* RR.
— — var. **eximia** F. Hérib. et M. Per. (Pl. VIII, fig. 15). — Semblable au type, mais plus massif et à angles arrondis. Longueur 34μ, largeur 27μ. R.

Tetracyclus emarginatus (Ehrb.) *nob.* (Diat. d'Auv., p. 158). R.
— — var. **crassa** F. Hérib. et M. Per. (Pl. VIII,

fig. 16). — Conformation générale du *Tetracyclus elegans* (Ehrb.), mais à angles arrondis et plus massif. Longueur 40 μ, largeur 30 μ. AR.

Tetracyclus stella (Ehrb.) *nob.* (Pl. VIII, fig. 9). R.

Tetracyclus Pagesi F. Hérib. (Pl. VIII, fig. 10). — De même forme que *Tetracyclus stella* (Ehrb.), mais deux fois plus grand, plus découpé et plus élégant. Longueur 50 μ, largeur 30 μ. R.

Cette jolie Diatomée est dédiée à M. J. Pagès-Allary, en souvenir de son aimable générosité.

Cymatopleura elliptica W. Sm. (Diat. d'Auv., p. 160). R.
— — var. **constricta** Grun., p. 464, pl. 11, fig. 13. R.
— *Solea* (Bréb.) W. Sm. (Diat. d'Auv., p. 161). RR.
Nitzschia sigmoidea Nitz. (Diat. d'Auv., p. 167). RR.
— *Tabellaria* Grun. (Diat. d'Auv., p. 166). RR.
Surirella norvegica Ehrb. (Diat. d'Auv., p. 176). R.
— *robusta* Ehrb. (Diat. d'Auv., p. 180). AR.
Campylodiscus costatus W. Sm. (Diat. d'Auv., p. 182). C.
Melosira granulata Ehrb. (Diat. d'Auv., p. 186). CC.
— — var. **arcuata** F. Hérib. — Forme bien différente de la variété *curvata* de Grunow, intermédiaire entre les fig. 18 et 19, pl. 87 du Synopsis de Van Heurck. R.
— **spiralis** Ktz. V. H. Syn., pl. 87, fig. 19-22.
— — var. **hemisphærica** M. Per. et F. Hérib. (Pl. VIII, fig. 24 et 26). — Frustule composé d'une valve plane ordinaire, et d'une valve hémisphérique, présentant, le plus souvent, une amorce à filament de plus petit diamètre. CC.
— — var. **sphærica** F. Hérib. et M. Per. (Pl. VIII, fig. 25). — Frustule complètement sphérique et sans anneau connectif ; Diatomée extrêmement curieuse. C.
Cyclotella Iris F. Hérib. (Diat. d'Auv., p. 224). CC.
— — var. **integra** M. Per. et F. Hérib. (Pl. VIII, fig. 31). — De forme presque toujours légèrement ellip-

tique ou scutiforme, surtout chez les grands exemplaires ; souvent strié symétriquement, non par rapport à un point central, mais par rapport au plus grand diamètre. Se distingue principalement du type par l'absence complète de centre hyalin. CC.

Le nombre des espèces ou variétés trouvées dans le dépôt de Celles est de 64, parmi lesquelles 17 sont nouvelles pour la flore générale.

NOTE ADDITIONNELLE.

Le tirage de la première feuille était fait, lorsque nous avons reçu, de M. Pagès-Allary, un échantillon de la couche de terre noire sur laquelle repose le dépôt de Celles. Nous nous sommes empressé de l'étudier avec le plus grand soin.

Après avoir constaté que la roche ne contenait pas d'éléments calcaires, nous en avons traité un fragment par SO^4H^2 bouillant, avec addition de ClO^3K, dans le but de le rendre plus commode pour l'observation microscopique.

A la suite d'un examen très attentif, nous avons acquis la certitude que le produit, d'un blanc laiteux et très pur, de notre manipulation, ne renfermait nulle trace de Diatomées fossiles ; par conséquent l'hypothèse d'un sol tourbeux n'est pas admissible, car *tous les terrains de formation marécageuse contiennent toujours des Diatomées plus ou moins abondantes.* A notre avis, la terre sur laquelle repose le dépôt de Celles est une couche d'argile, à éléments d'une extrême ténuité, et colorée en noir par un oxyde de fer.

DÉPOT DE LA BADE (Cantal)

(Pliocène supérieur).

———

Le dépôt de la Bade a été trouvé par M. Chareton-Chaumeil, au mois d'août 1900, et c'est par sa lettre du 19 octobre suivant qu'il nous annonça son intéressante découverte; en même temps, l'honorable avoué-géologue de Langres eut l'amabilité de nous adresser un bel échantillon, nous permettant ainsi d'étudier le dépôt avant tout autre diatomiste.

Ce dépôt est situé au sud de Collandre, canton de Riom-ès-Montagne, près du hameau de la Bade, un peu au-dessus de la route, à l'altitude de 1,100 mètres. La dépression qu'il occupe actuellement devait avoir primitivement une longueur d'une centaine de mètres, sur une largeur probable de 30 à 40 mètres; sa plus grande épaisseur est de 8 mètres. Les trois quarts environ du volume ont déjà été enlevés par l'érosion, et le lambeau qui nous reste disparaîtra à son tour dans un avenir plus ou moins éloigné.

Au point de vue de son âge géologique, il appartient au pliocène supérieur; il se trouve, en effet, à la partie très supérieure des cinérites du pliocène, sous les basaltes du β^1; sa formation est donc contemporaine des vastes dépôts d'Auxillac et de Celles.

A l'état sec, il est blanc ou jaune pâle, pulvérulent et très pur. Les Diatomées sont en général très fragmentées, même les espèces de petite taille, excepté les frustules de forme discoïde, comme les *Melosira*, les *Cyclotella*, etc.; cette fragmentation doit être le résultat de la pression

énorme qu'a dû subir le dépôt à l'époque de l'émission
du basalte des plateaux.

La masse est très homogène, tant au point de vue des
caractères physiques que sous le rapport de la florule diatomique ; parmi les échantillons étudiés, et pris respectivement à la surface, à 4 mètres et à 8 mètres de profondeur, nous n'avons pas, en effet, constaté de différence
notable dans la liste des espèces observées.

La Diatomée caractéristique, et qui constitue à elle
seule les neuf dixièmes du dépôt, est le *Cyclotella Charetoni*, que l'on peut rapporter, comme sous-espèce, au
Cyclotella Iris des dépôts de Celles et d'Auxillac. Les
autres espèces sont peu nombreuses et en exemplaires
fort rares.

Dans les échantillons étudiés, nous avons trouvé les espèces et variétés suivantes :

Gomphonema intricatum Ktz. (Diat. d'Auv., p. 53). R.
Amphora pediculus Grun. (Diat. d'Auv., p. 63). RR.

Cymbella Charetoni F. Hérib. (Pl. VII, fig. 17).
— De forme trapue, à extrémités largement arrondies
et légèrement subrostrées. Longueur 85 μ, largeur 25 μ ;
raphé très légèrement biarqué, terminé par des nodules
très petits ; espace hyalin très large autour du nodule
central, occupant plus de la moitié de la valve, et diminuant progressivement jusqu'aux nodules terminaux, où
les stries touchent le raphé. Stries fines, convergentes,
non distinctement granulées, au nombre de 11 en 10 μ à
la partie dorsale, et de 12 en 10 μ à la partie ventrale
$\left(\text{n}^{\text{o}} \text{ G } \frac{23}{28}\right)$. Espèce très distincte.

Diffère du *Cymbella Ehrenbergii* Ktz. par sa forme
plus trapue, par son espace hyalin plus grand au milieu
et plus étroit aux extrémités, par ses nodules terminaux
plus petits et par ses stries plus serrées ; dans *Cymb.
Ehrenbergii*, on en compte seulement 8 en 10 μ. RR.

Nous dédions cette espèce à M. Chareton-Chaumeil, en souvenir de sa découverte.

Cymbella Ehrenbergii Ktz. (Diat. d'Auv., p. 64). AR.
— *turgidula* Grun. (Diat. d'Auv., p. 68). RR.
— *lanceolata* Ehrb. (Diat. d'Auv., p. 68). AR.

Navicula acrosphæria Bréb., var. **badeana** F. Hérib. et M. Per. (Pl. VII, fig. 2). — Se distingue du type par l'absence des points sablant le raphé et l'aréa; de la variété *lævis* par la brièveté de ses côtes qui sont excessivement courtes jusque vers les renflements terminaux, et par la forme particulière du contour de l'aréa dans le voisinage des nodules terminaux. Longueur $150\,\mu$, largeur $17\,\mu$; 8 côtes très courtes en $10\,\mu$. AR.

Navicula major Ktz. (Diat. d'Auv., p. 82). R.
— *radiosa* Ktz. (Diat. d'Auv., p. 99). RR.
— — var. *acuta* Grun. (Diat. d'Auv., p. 99). RR.
— *peregrina* Ktz. (Diat. d'Auv., p. 100). RR.
— *elliptica* Ktz. (Diat. d'Auv., p. 104). R.
Epithemia Hyndmannii W.Sm. (Diat. d'Auv., p.125). R.
— *turgida* Ktz. (Diat. d'Auv., p. 124). RR.
— *gibba* Ktz. (Diat. d'Auv., p. 126). AR.
— *Zebra* Ktz. (Diat. d'Auv., p. 127). AR.
— — var. *minor* (Diat. d'Auv., p. 129). R.
Eunotia incisa Ehrb. (Diat. d'Auv., p. 133). RR.
— *polyglyphis* Grun. (Diat. d'Auv., p. 134). R.
— *lunaris* Ehrb. (Diat. d'Auv., p. 135). RR.

Synedra pliocenica F. Hérib. et M. Per. (Pl. VII, fig. 19). — Espèce très petite, en forme de losange allongé, à extrémités pointues et légèrement capitées; angles obtus. Longueur $26\,\mu$, largeur $5\,\mu$. Stries très courtes, tout à fait marginales, au nombre de 12 en $10\,\mu$. R.

Fragilaria lapponica Grun. (V. H. *Syn.*, pl. 45, fig. 35). — Bien conforme à la fig. 35, pl. 45 du Synopsis

de Van Heurck. Longueur 25 μ, largeur 7 μ. Stries courtes, au nombre de 6 en 10 μ. AR.

Surirella saxonica Auersw. (Diat. d'Auv., p. 176). RR.

Melosira undulata Ktz. (V. H. *Syn.*, pl. 90, fig.
8-9). AR.

— — var. **producta** A. Sch. (Atlas, pl. 180, fig.
8-13). R.

— *arenaria* Moor. (Diat. d'Auv., p. 186). AR.

Cyclotella Charetoni F. Hérib. (Pl. VIII, fig. 30).
— Très variable comme forme et comme grandeur ; ordinairement elliptique plutôt que circulaire. Diamètre de
15 à 50 μ et plus ; valves fortement ondulées, couvertes
de stries fines au nombre de 10 à 15 en 10 μ, suivant les
dimensions des frustules, bifurquées d'une façon assez irré-
gulière, non dichotomes, mais formant plutôt des faisceaux
irréguliers, laissant un centre lisse régulier de grandeur
moyenne. Face connective lisse, ne présentant qu'une
rangée de ponctuations le long des bords qui sont à angles
légèrement arrondis. Les points qui apparaissent sur la
face connective sont formés par les extrémités des stries
de la face valvaire.

Se distingue de notre *Cyclotella Iris* type par les stries
non dichotomes, par l'absence des points brillants que
l'on voit aux bifurcations dichotomiques de la forme
typique, par le centre plus régulier, plus petit et constamment lisse, tandis que celui de *Cyclotella Iris* est
toujours sablé de ponctuations. L'ensemble de ces caractères différentiels nous a paru suffisant pour séparer
Cyclotella Charetoni de *Cyclotella Iris*, au moins à titre
de sous-espèce. CC.

Cette Cyclotelle est dédiée à M. Chareton-Chaumeil,
en souvenir reconnaissant de sa généreuse amabilité.

Cyclotella Charetoni var. **scutiformis** F. Hérib.
— Forme plus ou moins biangulaire, analogue à celle du

Cocconeis Pediculus ; ordinairement plus robuste que le type. AC.

— var. **radiata** F. Hérib. et M. Per. — Toujours plus robuste que le type et de grande dimension ; stries au nombre de 8 en $10\,\mu$, ne présentant qu'exceptionnellement des bifurcations. C.

Nous avons trouvé, dans une préparation faite d'un échantillon appartenant à la zone moyenne, un fragment comportant le centre, deux portions de raphé, l'aire et une amorce des stries, lequel nous a paru ne pouvoir être assimilé à aucune espèce de *Cymbella* ou de *Navicula* connue de nous. Nous espérons trouver un autre fragment de valve plus grand, comportant une extrémité, de façon à pouvoir se prêter à une détermination au moins générique.

D'après la liste des Diatomées observées dans le dépôt de la Bade, on voit qu'il est loin d'être aussi riche que celui de Celles. La pauvreté relative de la florule est due à l'étendue restreinte du dépôt, et surtout à sa masse très homogène.

DÉPOT DE PERRIER (Puy-de-Dôme)

(Pliocène moyen).

———

C'est à M. Bouhard, chimiste-industriel à Paris, que nous devons communication de l'échantillon étudié. Le dépôt est situé sur le flanc sud de la montagne, immédiatement au-dessus des calcaires oligocènes; il est enchâssé dans des couches fluviatiles, composées de cailloux roulés, de sables et de cinérites argileuses.

La masse diatomifère est peu considérable, et il est de toute évidence qu'elle ne représente qu'un lambeau d'un dépôt formé à une altitude supérieure à celle de Perrier.

Les Diatomées sont assez nombreuses, mais tellement fragmentées et agglutinées que la détermination en est très difficile.

Parmi les nombreux débris nous avons pu reconnaître les espèces suivantes :

Cocconeis lineata Grun. (Diat. d'Auv., p. 44). AC.

— *Placentula* Ehrb, (Diat. d'Auv., p. 44). CC.

Gomphonema Kamtschaticum Grun. (V. H. Syn., pl. 25, fig. 29). — Absolument conforme à la figure citée du Synopsis de Van Heurck. RR.

Amphora affinis Ktz. (Diat. d'Auv., p. 63). RR.

Cymbella gastroides Ktz. (Diat. d'Auv., p. 68). AR.

— *lanceolata* Ehrb. (Diat. d'Auv., p. 75). CC. .

Stauroneis gracilis W. Sm. (Diat. d'Auv., p. 76). R.

— *Phœnicenteron* Ehrb. (Diat. d'Auv., p. 75). AR.

Navicula Braunii Grun. (V. H. Syn., pl. 79, fig. 21). — Aréa stauronéiforme; nodule médian étroit; longueur 35 à 40 μ; stries au nombre de 11 en 10 μ. C.

Nav. digito-radiata Greg., Micr. Journ. 1856, p. 9, pl. 1, fig. 32; V. H. Syn., p. 86, pl. 7, fig. 4. — De forme lancéolée, à extrémités arrondies; stries délicatement granulées, au nombre de 8 en 10 μ, un peu plus serrées aux extrémités. Longueur 60 à 68 μ, largeur 10 à 12 μ. R.

— *gigas* Ehrb. (Diat. d'Auv., p. 81). R.
— *major* Ktz. (Diat. d'Auv., p. 82). AC.
— *gibba* Ehrb. (Diat. d'Auv., p. 92). R.
— *parva* Grun. (Diat. d'Auv., p. 92). R.
— *Bacillum* Ehrb. (Diat. d'Auv., p. 117). R.
— *peregrina* Heib. (Diat. d'Auv., p. 100). CC.
— — var. **obtusa** *nov.* — Forme plus courte, à extrémités plus massives, valve presque elliptique allongée; longueur 60 μ, largeur 16 μ; stries 7 en 10 μ. AR.

Navicula amphibola Cl. var. **perrieri** M. Per. et F. Hérib. (Pl. VII, fig. 11). — Se distingue du type par sa forme plus trapue, par ses stries plus écartées, et dont quelques-unes sont terminées par un gros point situé près du nodule médian. Ressemble, comme forme et aspect général, à notre *Navicula arverna* (Diat. d'Auv., p. 105, pl. IV, fig. 19); en diffère par ses granules qui sont ronds au lieu d'être elliptiques, et par le raccourcissement des stries médianes, terminées par un gros point unilatéral. Longueur 60 μ, largeur 28 μ; stries au nombre de 6 en 10 μ.

Pantocseck donne, vol. III, pl. 22, fig. 340, une forme qui.a aussi une certaine analogie avec la Diatomée de Perrier, et la nomme *Navicula Moczarensis*, mais il n'est pas possible de pouvoir identifier ces deux plantes. R.

Epithemia Hyndmannii W. Sm. (Diat. d'Auv., p.125). C.
— *Sorex* Ktz. (Diat. d'Auv., p. 126). R.
— *Zebra* Ktz. (Diat. d'Auv., p. 127). R.
Synedra Ulna Ehrb. (Diat. d'Auv., p. 137). AR.

L'examen d'autres échantillons permettrait probablement d'ajouter encore plusieurs formes intéressantes à celles de la liste précédente.

DÉPOT DU RAVIN DES ÉGRAVATS (Puy-de-Dôme)

(Pliocène supérieur).

———

L'échantillon étudié provient des collections Bouillet, où il figurait avec une étiquette portant un nom absolument étranger à la nature de l'objet; mais, l'indication du gisement étant très exacte, c'était pour nous le point essentiel.

Le ravin des Égravats est situé près de la Grande Cascade du Mont-Dore, à une altitude de 1,400 mètres; le dépôt forme une assise ayant à peine 20 centimètres d'épaisseur, et se trouve immédiatement au-dessous d'une couche assez mince de lignite, surmontée d'une puissante formation de roches diverses, cinérites, trachyte, andésite.

A l'état sec, il est d'un blanc pur à la zone inférieure, et gris cendré à la partie supérieure; la florule de plusieurs échantillons étudiés ne présente pas de différence sensible, la masse est donc très homogène. Par suite de la pression énorme produite par les roches supérieures, les Diatomées sont très fragmentées, mais très nettes et nullement agglutinées comme celles du dépôt de Perrier.

Les espèces et variétés observées sont les suivantes :

Cocconeis Pediculus Ehrb. (Diat. d'Auv., p. 43). RR.
Gomphonema angustatum Grun. (Diat. d'Auv., p.60). R.
—   var. *producta* Grun. (Diat. d'Auv., p. 60). R.
— *subclavatum* Grun. (Diat. d'Auv., p. 55). AR.
Cymbella aspera Ktz. (Diat. d'Auv., p. 69). AC.
— *maculata* Ktz. (Diat. d'Auv., p. 71). R.
Navicula major Ktz. (Diat. d'Auv., p. 82). AR.
— *viridis* Ktz. (Diat. d'Auv., p. 84). C.
—   var. *commutata* Grun. (Diat. d'Auv., p. 84). R.

Navicula costata Ehrb. (Diat. d'Auv., p. 87). R.
— *megaloptera* Ehrb. (Diat. d'Auv., p. 88). RR.
— *oblonga* Ktz. (Diat. d'Auv., p. 98). C.
— *elliptica* Ktz. (Diat. d'Auv., p. 104). R.
Epithemia turgida Ktz. (Diat. d'Auv., p. 124). C.
    — — var. *granulata* Grun. (Diat. d'Auv., p. 125). AC.
    — — var. *vertagus* Ktz. (Diat. d'Auv., p. 125). AC.
— *Zebra* Ktz. (Diat d'Auv., p. 127). C.

Eunotia impressa Ehrb., Mik., pl. 15, fig. 56 ;
Grun., 1862, p. 333; de Toni, p. 800. RR.

Nous ne connaissions en Auvergne que la variété *angusta* de Grunow ; le type est donc nouveau pour notre flore.

Au total, la florule de ce dépôt est relativement pauvre et peu intéressante.

II.

Revision de quelques Dépôts

Il nous reste à donner le résultat de l'examen d'échantillons nouveaux des dépôts du Puy de Mur, de Verneuges, de La Bourboule, d'Auxillac et de Neussargues, étudiés trop sommairement en 1893.

DÉPOT MARIN DU PUY DE MUR (Puy-de-Dôme)

(Aquitanien).

Les échantillons examinés proviennent de deux affleurements nouveaux, que nous avons découverts l'un au N.-E., sur le talus d'un chemin creux, non loin du domaine de Sainte-Marcelle, et l'autre au S.-O. ; la distance entre les deux points, situés à peu près au même niveau, est d'environ 1,800 mètres.

L'affleurement S., étudié en 1893, ne nous a donné aucune forme nouvelle à ajouter à la liste des espèces et variétés déjà connues, tandis que celui de N.-E., très riche en *Surirella Bruni* et *striatula;* en *Navicula aquitaniæ, recta, Julieni, bomboides* et *basaltæproxima*, contient une belle variété de chacune des deux dernières Navicules, et, de plus, le genre marin *Campylosira*, que nous n'avions pas encore trouvé dans ce curieux dépôt.

Obs. — Dans les listes des espèces et variétés observées dans les dépôts suivants, nous nous abstiendrons d'inscrire les formes mentionnées en 1893.

Navicula bomboides A. Sch. var. **limanense** F. Hérib. (Pl. VII, fig. 15). — Se distingue du type par ses dimensions moindres, par l'étranglement médian moins accentué, par deux lignes entourant le raphé, laissant un espace parcouru par une rangée de petites perles rondes, en nombre égal à celui des stries. Longueur de la valve 75 à 80μ, largeur 28 à 30μ. Stries plus régulières et plus nettes, au nombre de 7 en 10μ, formées de 4 à 6 grosses perles ovales. C.

Navicula bomboides A. Sch. var. **minor** F. Hérib. et Br. (Pl. VII, fig. 16). — Forme tout à fait analogue à la variété *limanense*, mais beaucoup plus petite. Longueur 45 à 50μ, largeur 20 à 22μ. AC.

Navicula basaltæproxima F. Hérib. et Br. var. **longistriata** M. Per. et F. Hérib. (Pl. VII, fig. 3). — Diffère du type et de sa variété *bigibba* (Diat. d'Auv., p. 89), par les flancs de la valve presque rectilignes, et par les stries beaucoup plus longues surtout au milieu de la valve, où elles ne laissent qu'une aréa assez étroite des deux côtés du raphé, et simplement arrondie autour du nodule central. Longueur 85 à 90μ, largeur 25μ; largeur à l'étranglement de la valve 20μ. Stries granulées, au nombre de 9 en 10μ, et un peu plus serrées aux sommets de la valve. C.

Campylosira Peragalli F. Hérib. (Pl. VIII, fig. 17 à 19). — Valve de forme cymbelloïde, à extrémités récurvées du côté dorsal, sans être ni prolongées ni capitées; face connective à centre et à extrémités élargis, présentant des ponctuations éparses et plus distinctes vers les bords. Frustules plus ou moins arqués et réunis en bandes. Longueur de la valve 40 à 45μ, largeur de la région centrale 6 à 8μ. AC.

Le genre *Campylosira*, créé par Grunow en 1882, ne comptait encore que deux espèces : *Campylosira cym-*

belliformis Grun., assez fréquent sur les côtes de la Manche, et *Campylosira japonica* Temp. et Br., espèce récemment trouvée, par MM. Tempère et J. Brun, dans un dépôt marin du Japon.

La découverte de notre *Campylosira Peragalli* vient confirmer, une fois de plus, l'origine marine du beau dépôt du Puy de Mur.

Nous sommes heureux de dédier cette Diatomée à M. le Commandant Maurice Peragallo, en souvenir de l'utile concours qu'il a eu l'amabilité de nous donner, dans l'étude des matériaux mis en œuvre pour la publication de ce mémoire.

C'est encore à titre de reconnaissance et de bon souvenir que nous avons tenu à joindre son nom au nôtre pour la plupart des formes nouvelles.

Obs. — En comparant les florules respectives des trois affleurements connus du dépôt du Puy de Mur, nous constatons que celles du N.-E. et du S.-O. sont très riches en *Surirella* et *Navicula* de grande taille. Or, les diatomistes herborisants savent fort bien que ces Diatomées ne vivent que sur la vase, aux endroits où l'eau n'est pas assez profonde pour empêcher l'accès de la lumière ; par conséquent leur présence indique, quand elles sont en grande abondance, les rivages de la dépression.

Dans l'affleurement S., au contraire, les *Surirella* et les *Navicula* sont très rares, tandis que les *Melosira*, les *Cocconeis*, les *Fragilaria*, les *Striatella*, les *Periptera*, les *Raphoneis*, les *Coscinodiscus*, etc., sont très abondants ; ces petites Diatomées, connues sous la dénomination générale de *Diatomées pélagiques*, vivent et se multiplient à la surface des eaux profondes, calmes et ensoleillées ; puis, de toute l'étendue de la surface elles se déposent au fond de la dépression, où elles s'accumulent peu à peu pour former un dépôt plus ou moins considérable, suivant la profondeur et la durée de la masse liquide.

De la comparaison des trois florules, il résulte que les affleurements N.-E. et S.-O. indiquent les bords de la lagune, et celui du S. appartient à la partie profonde.

La présence des Diatomées d'eau douce, que l'on trouve mélangées aux espèces marines, doit être attribuée évidemment à un cours d'eau qui, à cette époque lointaine, devait se jeter dans la lagune ; d'ailleurs le même fait se produit de nos jours à l'embouchure de tous les fleuves, où l'on observe un mélange de Diatomées d'eau douce et de Diatomées marines.

DÉPOT DE VERNEUGES (Puy-de-Dôme)

(Quaternaire).

Le dépôt de Verneuges est situé à l'O. du lac d'Aydat, à une distance de 2 kilomètres et à 850 mètres d'altitude. L'échantillon nouveau, que nous devons à l'amabilité de M. Charles Saintigny, a été pris à 4 mètres de profondeur.

A l'état sec, il est d'un blanc grisâtre, pulvérulent et très pur. Nous y avons trouvé les espèces et variétés suivantes, que nous n'avions pas constatées dans l'échantillon très terreux étudié en 1890.

Gomphonema acuminatum Ehrb. var. **gigantea** F. Hérib. et M. Per. (Pl. VIII, fig. 2). — Analogue à la forme grêle et élancée du type, mais beaucoup plus grand, atteignant jusqu'à 100 μ de longueur, tandis que la longueur du type est à peine de 75 μ; largeur de la tête 18 μ. AR.

Gomphonema constrictum var. *subcapitata* Grun. (Diat. d'Auv., p. 52). AR.

Cymbella cuspidata Ktz. (Diat. d'Auv., p. 65). AC.

— *anglica* Lag. (Diat. d'Auv., p. 67). AR.

— *cymbiformis* Ehrb. (Diat. d'Auv., p. 69). R.

Navicula arverna F. Hérib. et M. Per. var. **stauroneiformis** M. Per. et F. Hérib. (Pl. VII, fig. 10). — Se distingue du type par la strie centrale qui n'est pas plus longue que la voisine, et s'arrête loin du nodule central ; les stries centrales, dont la décroissance est très curieuse et caractéristique, sont écourtées et simulent un stauros. Les points sont ronds, et les stries qui limitent le stauros ne sont pas terminées par un granule plus gros, comme dans le *Navicula amphibola* Cleve. Le raphé est quelquefois un peu ondulé. Longueur de la valve 58 *μ*, largeur 26 *μ*. Cette variété sert de transition entre notre *Navicula arverna* et le *Navicula amphibola* Cleve. AC.

— *hybrida* M. Per. et F. Hérib. (Diat. d'Auv., p. 85). R.

— *amphigomphus* Ehrb. (Diat. d'Auv., p. 113). AR.

Navicula mesolepta Ehrb. var. **Saintignyi** F. Hérib. (Pl. VII, fig. 5). — Diffère du type par sa plus grande taille, par ses stries plus robustes et moins serrées, et surtout par la forme très particulière de son aréa qui, assez large autour du nodule central, diminue progressivement jusqu'aux nodules terminaux qui sont beaucoup plus gros que dans le type. R.

Nous dédions cette forme intéressante à M. Charles Saintigny, en souvenir des échantillons qu'il nous a procurés avec le plus aimable empressement.

Navicula viridis Ktz. forma **anomala** (Pl. VII, fig. 4). — Nous avons dessiné cette forme bizarre à titre de curiosité; d'ailleurs nous n'avons trouvé que cet exemplaire, et il est probable qu'il est unique dans le dépôt.

Synedra Ulna Ehrb. (Diat. d'Auv., p. 137). AC.

— *capitata* Ehrb. (Diat. d'Auv., p. 139). R.

Surirella elegans Ehrb. (Diat. d'Auv., p. 179). AR.

L'étude du dépôt de Verneuges reste incomplète, mais le temps nous manque pour la continuer sur de nouveaux échantillons.

DÉPOT DE LA BOURBOULE (Puy-de-Dôme)

(Pliocène supérieur).

Le dépôt de La Bourboule est aujourd'hui perdu pour les diatomistes, par suite de plusieurs constructions élevées sur son emplacement.

L'échantillon nouveau étudié provient des collections Bouillet.

Les Diatomées de ce dépôt sont peu variées; malgré le soin que nous avons mis à l'examiner, nous n'avons trouvé que deux espèces à ajouter à la liste publiée dans les *Diatomées d'Auvergne*, page 231, ce qui porte le nombre des espèces à 17 seulement, alors que d'autres dépôts, notamment ceux de Saint-Saturnin et d'Auxillac, en contiennent une centaine et plus.

Les deux espèces à ajouter sont :

Cocconeis Placentula Ehrb. (Diat. d'Auv., p. 44). R.
Navicula oblonga Ktz. (Diat. d'Auv., p. 98). AR.

Le *Cyclotella Temperei*, espèce caractéristique du dépôt, n'ayant pas été dessiné pour les Diatomées d'Auvergne, nous donnons aujourd'hui une bonne figure de cette espèce remarquable, et nous complétons la description un peu sommaire de 1893.

Cyclotella Temperei M. Per. et F. Hérib. (Pl. VIII, fig. 23). — Diamètre de 12 à 25 μ; stries un peu ondulées, inégales; striation analogue à celle du *Cladogramma cebuense* Grun. de l'île Cebu (Philippines). Marge portant une rangée de perles; aréa parfois presque nulle, sablée de granules peu visibles. L'exemplaire dessiné représente l'une des plus grandes formes. CC, formant presque toute la masse du dépôt.

Ce *Cyclotella* est dédié à M. J. Tempère, le micrographe préparateur bien connu des diatomistes.

Le dépôt remanié de La Bourboule, très riche en végétaux fossiles d'une conservation merveilleuse, mérite d'être recherché dans le voisinage des constructions qui nous ont dérobé l'affleurement découvert par Lecoq et Bouillet.

DÉPOT D'AUXILLAC (Cantal)

(Pliocène supérieur).

———

L'impression des Diatomées d'Auvergne étant presque terminée à l'époque de la découverte (1893) du dépôt d'Auxillac, près de Murat, il ne nous fut pas possible de l'étudier avec toute l'attention voulue ; pressé par le temps, il fallut nous borner à l'examen rapide d'un petit nombre d'échantillons, et remettre à plus tard le soin de compléter nos premières recherches.

Voici le résultat de l'étude de plusieurs échantillons nouveaux :

Cocconeis lineata Grun. (Diat. d'Auv., p. 44). AR.

— — var. *euglypta* Grun. (Diat. d'Auv., p. 46). R.

Rhoicosphenia curvata Grun. (Diat. d'Auv., p. 51). RR.

Gomphonema cantalicum F. Hérib. et Br., var. **lepida** F. Hérib. et M. Per. (Pl. VIII, fig. 1). — Diffère du type par ses nodules, et par son point unilatéral plus petit et placé plus près des stries, qui sont plus fines, très faiblement granulées, et ne sont point coupées par une ligne d'interruption. Longueur de la valve 150 à 200 μ, largeur vers le nodule central 28 μ ; stries au nombre de 12 en 10 μ. R.

Gomphonema subclavatum Grun. (Diat. d'Auv., p. 55). R.

Cymbella cuspidata Ktz. (Diat. d'Auv., p. 65). RR.

— *parva* W. Sm. (Diat. d'Auv., p. 70). R.

— *maculata* Ktz. (Diat. d'Auv., p. 71). R.

Navicula amphibola Cl. var. **stauroneiformis** M. Per. et F. Hérib. (Pl. VII, fig. 12). — Longueur de la valve 65μ, largeur 22μ; stries convergentes, formées de granules petits et distincts; les centrales fortement et brusquement écourtées d'environ la moitié de leur longueur, et formant ainsi un stauros; de plus, elles sont moins serrées au centre (6 en 10μ) qu'aux extrémités (8 en 10μ). R.

Cleve a isolé, avec raison, le *Navicula styriaca* Grun. pour en former son *Nav. amphibola*, laissant le nom de *Nav. styriacà* au *Van Heurckia styriaca* Grun.

Nous avons adopté cette manière de voir.

Navicula Renauldi F. Hérib. (Pl. VII, fig. 9). — De forme elliptique, à extrémités fortement rostrées et légèrement capitées. Raphé fin; nodules centraux et terminaux petits. Longueur 35μ, largeur 13μ. Stries convergentes, courbes, normales à la fois au bord de la valve et au raphé qu'elles arrivent à toucher, laissant au centre une aréa très petite, nettement granulées, au nombre de 10 en 10μ au centre, et un peu plus serrées aux extrémités. Espèce très distincte. R.

Walle représente, pl. 19, fig. 29, sous le nom de *Navicula inflata* Ktz., une forme assez semblable à notre *Navicula Renauldi*, mais il reproduit, en se trompant évidemment de nom, la figure du *Navicula tumida* W. Sm., pl. 17, fig. 146. Le *Navicula inflata* Ktz. est tout à fait différent, et quant au *Navicula tumida* W. Sm., Cleve l'assimile au *Navicula anglica* Ralfs, qui possède une aréa centrale assez grande qui n'existe pas ici.

Nous dédions cette jolie Navicule à notre éminent ami et savant bryologue, M. le Commandant F. Renauld.

Pleurosigma attenuatum Ktz. (Diat. d'Auv., p. 122). RR.
Epithemia gibba var. *ventricosa* (Diat. d'Auv., p. 126). C.
— *Zebra* Ktz. (Diat. d'Auv., p. 127). C.

Synedra closterioides Grun. var. **fossilis** M. Per. et F. Hérib. (Pl. VIII, fig. 5 et 6). — Longueur de la valve 60 à 80 µ, présentant un renflement central visible tant sur la face valvaire que sur la face connective. Stries marginales et très fines, au nombre de 14 en 10 µ au centre et de 18 en 10 µ aux extrémités, qui sont ordinairement recourbées dans le même sens. — Diffère de la forme type (V. II. Syn., pl. 70, fig. 10 et 11) en ce que la partie élargie est plus courte et les rostres proportionnellement plus longs. CC.

Flagilaria mutabilis Grun. (Diat. d'Auv., p. 145). AC.

Tetracyclus costellatus (Ehrb.) var. **turris** M. Per. et F. Hérib. (Pl. VIII, fig. 13). — Ressemble au *Biblarium costellatum* Ehrb., mais, au lieu de présenter un contour général elliptique, il est ici circulaire. Longueur du diamètre 20 µ. RR.

L'échantillon observé et dessiné ne portait que l'anneau connectif.

Tetracyclus ellepticus (Ehrb.) var. **minutissima** F. Hérib. et M. Per. — Très petit, ayant à peine 13 µ de longueur. Pourrait être pris par les débutants pour un frustule de *Diatoma hyemale* Heib. ou pour un *Diatoma Mesodon* Ktz. R.

Tetracyclus tripartitus var. **gracilis** M. Per. et F. Hérib. (Pl. VIII, fig. 11). — Tout à fait semblable à notre *Tetracyclus tripartitus* (Diat. d'Auv., pl. 6, fig. 5), mais moins robuste, présentant des côtes non interrompues et des ondulations très peu sensibles. Longueur 80 µ, largeur du renflement médian 15 µ. RR.

— *lancea* (Ehrb.) *nob.* (Diat. d'Auv., p. 159). R.
— *rhombus* Ralfs (Diat. d'Auv., p. 160). AC.
Cymatopleura Solea W. Sm. (Diat. d'Auv., p. 161). RR.

Melosira Sol (Ehrb.) Ktz. = *Gaillonella Sol* Ehrb. — Le *Melosira* d'Auxillac est tout à fait identique à celui des côtes occidentales de l'Amérique, et figuré par Van Heurck Syn. pl. 91, fig. 8 et 9. R.

Melosira tenuissima Grun. (Diat. d'Auv., p. 188). C.
Cyclotella Kutzingiana Ch. (Diat. d'Auv., p. 192). R.

Cette Cyclotelle était déjà connue en Auvergne à l'état vivant ; il est intéressant de savoir qu'elle existait aussi à l'époque lointaine du pliocène supérieur.

La florule du dépôt remanié d'Auxillac comprend une centaine d'espèces ou variétés, parmi lesquelles une quarantaine sont inédites et très remarquables.

DÉPOT DE NEUSSARGUES (Cantal)

(Miocène).

Il ne nous reste aujourd'hui, du dépôt de Neussargues, que des lambeaux disséminés çà et là dans la vallée et respectés par l'érosion ; celui de Joursac est à la fois le plus important et le plus intéressant, à cause des végétaux fossiles qu'il contient en plus grande abondance.

Comme tous les dépôts diatomifères qui contiennent des empreintes de feuilles, celui de Neussargues a été évidemment remanié ; les lambeaux que nous étudions aujourd'hui sont des débris entraînés d'un dépôt, probablement très vaste, formé à une altitude supérieure à celle de Neussargues.

Les échantillons étudiés proviennent d'un lambeau découvert par nous au mois d'août 1895, et situé sur le bord de la route, entre la gare et l'Allagnon.

Les espèces et variétés observées sont les suivantes :

Navicula sculpta Ehrb. = *Nav. tumens* W. Sm. — Bien conforme à la fig. 1, pl. 12 du Synopsis de Van Heurck. Longueur 75 à 80 μ, largeur 20 à 25 μ. Stries granulées, interrompues près du raphé, au nombre de 15 en 10 μ. R.

Navicula slesvicensis Grun. (Diat. d'Auv., p. 101). R.

Navicula Dariana A. Sch. var. **miocenica** F. Hérib. et M. Per. (Pl. VII, fig. 8). — De forme lancéolée, à extrémités largement arrondies. Aréa large, arrondie autour du nodule central, et diminuant progressivement jusqu'aux nodules terminaux qui sont grands et ronds.

Longueur 150μ, largeur vers le nodule central 32μ. Stries
lisses, radiantes au centre, au nombre de 6 en 10μ, puis
divergentes aux extrémités, où elles sont au nombre de
7 en 10μ. R.

Schmidt assimile *Navicula Dariana* au *Pinnularia Porrecta* d'Ehrenberg, en faisant observer toutefois que le
Pinnularia Porrecta ne doit être qu'une forme particulière
du *Cymbella Ehrenbergii* Greg. — Nous ne connaissons
pas le dessin d'Ehrenberg, mais nous savons qu'il a été
fait d'après une espèce du dépôt de Santa-Fiora. Or, dans
une préparation de ce dépôt, que possède M. le Commandant Maurice Peragallo, on observe de nombreux
exemplaires de *Cymbella Ehrenbergii* dont quelques-uns
sont presque symétriques, mais, dans ce cas, la forme qui
en résulte n'a pas le même contour que celui du *Navicula
Dariana,* il dérive de la forme générale du *Cymbella
Ehrenbergii,* c'est-à-dire qu'il est plus elliptique, avec
des extrémités franchement atténuées et subrostrées.

Navicula Bouhardi F. Hérib. (Pl. VII, fig. 1). —
La conformation générale est celle du *Navicula cuspidata*
Ktz., dont il se distingue par les extrémités qui rappellent
celles du *Nav. ambigua* Ehrb., par les nodules centraux
plus gros et entourés d'une aréa plus large, par ses dimensions plus grandes. Longueur 120 à 130μ, largeur 30 à
40μ. Stries fines, au nombre de 16 en 10μ. Silice hyaline
et délicate. AC.

Nous dédions cette espèce à M. Bouhard, chimiste-
industriel à Paris, en souvenir des échantillons qu'il a eu
la bonté de nous procurer.

Navicula Malinvaudi F. Hérib. (Pl. VII, fig. 6).
— Cette belle espèce appartient au groupe des *Sculptées ;*
elle est intermédiaire entre les *Navicula sculpta* et
bohemica d'Ehrenberg. Les stries sont formées par des
granules épars sur leur longueur, assez éloignés les uns
des autres, et formant avec ceux des stries adjacentes des

lignes interrompues fortement et irrégulièrement ondulées ; sur les bords de la valve les stries sont indiquées par
des points bien marqués, et elles s'atténuent progressivement vers le raphé, où elles se terminent par un point
bien net ; tous ces points serrés les uns contre les autres
forment quatre lignes d'aspect légèrement lyré, qui
accompagnent le raphé. Les points formant les stries, tout
en s'atténuant, ne disparaissent pas complètement comme
dans le *Navicula sculpta*, de sorte qu'il n'y a pas d'aires
latérales lisses entre la ligne des points avoisinant le
raphé et les stries marginales. Sur l'un des côtés, l'atténua-
tion des stries est un peu plus marquée sur une bande
partant du nodule central et allant vers le bord de la
valve. Longueur du frustule 90 μ, largeur 25 μ ; stries au
nombre de 18 en 10 μ. — Espèce très distincte.

Cette jolie Navicule est dédiée à notre vieil ami, M. Er-
nest Malinvaud, le très sympathique et savant Secrétaire
général de la Société botanique de France.

Eunotia gracilis Rab. var. **capitata** M. Per. et
F. Hérib. (Pl. VIII, fig. 21). — Diffère principalement du
type, en ce que ses extrémités, au lieu d'être simplement
récurvées sur la face dorsale, sont sensiblement élargies en
forme de tête ronde et légèrement récurvées. Valve assez
fortement courbée, parfois même genouillée. Longueur
environ 80 μ, largeur 5 μ ; stries au nombre de 11 en 10 μ. R.

Opephora Martyi F. Hérib. (Pl. VIII, fig. 20). —
Diatomée de forme ovale, très petite. Longueur 17 μ, la
plus grande largeur 7 μ. Stries larges, lisses, au nombre de
6 en 10 μ, ne laissant au centre qu'une ligne très étroite.

L'*Opephora Martyi* ne peut être confondu avec certaines
formes plus ou moins coniques du *Fragilaria brevistriata*
Grun., dont les stries, beaucoup plus courtes et moins
larges, laissent une aréa large et lisse. Il n'est pas possible
non plus de l'assimiler à l'*Opephora Schwartzii* Petit,
espèce marine vivante des îles Carolines, beaucoup plus

grande (longueur 60 à 72 µ) et les côtes plus grosses (4 en 10 µ), laissant au centre une ligne lisse plus large. Notre *Opephora* ressemble davantage à l'*Opephora pacifica* Petit du Brésil, mais la Diatomée de l'Amérique du Sud est marine et plus grande (longueur 40 µ), les côtes relativement moins larges et plus serrées (8 en 10 µ), laissant une ligne médiane lisse et large, allant en s'élargissant du petit bout du frustule à l'autre extrémité. — En résumé, l'*Opephora Martyi* est une espèce très distincte. R.

Nous dédions cette Diatomée à notre aimable et distingué compatriote, M. Pierre Marty, en souvenir des éléments d'étude qu'il a eu l'amabilité de nous procurer. C'est dans un échantillon de Neussargues, reçu de notre cher paléobotaniste cantalien, que nous avons eu le plaisir de la découvrir.

Le genre *Opephora* Petit, de création récente, ne comprenait encore que les deux espèces que nous venons de nommer, l'une des Carolines et l'autre du Brésil. Il est instructif de constater que dès l'époque tertiaire *Opephora Martyi* vivait chez nous, à côté de l'*Actinella pliocenica*, au temps où *Torreya nucifera*, *Lilia expansa*, *Laurus canariensis*, *Pterocarya fraxinifolia*, *Grewia crenata*, *Sassafras Ferretianum*, *Zelkova crenata*, etc., des cinérites de la Mougudo, près de Vic-sur-Cère, épanouissaient leurs fleurs et mûrissaient leurs fruits sous le climat brésilien de ces âges lointains.

Surirella biseriata Bréb. (Diat. d'Auv., p. 177). AR.
— *tenera* Greg. (Diat. d'Auv., p. 180). R.
—   — var. **splendidula** Greg.

Melosira Boulayana M. Per. (Pl. VIII, fig. 27 et 28). AR. — Valves dissemblables ; la supérieure porte à la circonférence une garniture de côtes doubles en forme de plis formés par deux stries ; ces côtes, au nombre de 5 ou 6 en 10 µ, sont écartées les unes des autres d'environ une largeur de strie, ou la moitié de leur épaisseur. La valve inférieure porte aussi une garniture de côtes robustes et écartées les unes des autres d'une distance à peu près égale à la moitié de leur épaisseur, et elles sont couronnées par une perle qui fait suite à la côte et se projette en dehors de la valve comme un point sur un *i*, de manière à lui donner un aspect crénelé. Sur les deux valves, les côtes s'affaiblissent progressivement et s'évanouissent vers les deux tiers du rayon, laissant le centre lisse. A 5 ou 6 μ de la circonférence, les stries s'infléchissent et paraissent plus marquées à partir de cette région. Cette courbure des stries fait que le centre n'est pas au niveau des bords.

Quand les valves sont accolées, les côtes ou les perles de la valve inférieure viennent s'intercaler entre les côtes doubles de la valve supérieure. Diamètre 40 à 55 μ, côtes doubles au nombre de 5 en 10 μ. Espèce bien distincte et très remarquable, n'ayant d'analogie avec aucune autre espèce connue.

Ce *Melosira*, dédié au savant doyen des Facultés catholiques de Lille, M. l'abbé Boulay, a été d'abord découvert par M. le Commandant Maurice Peragallo, dans le dépôt de Ranc (Ardèche) ; il est assez fréquent dans celui de Neussargues.

Dans un échantillon, nous avons trouvé de nombreux fragments de *Surirella* ou de *Coscinodiscus* qui paraissent nouveaux, ou tout au moins très intéressants ; malheureusement leur état de fragmentation ne nous a pas permis de les étudier. Il serait utile de traiter une assez grande partie de cet échantillon par des méthodes aussi délicates que possible, de façon à avoir des frustules entiers, ou des fragments plus complets.

RÉSULTATS ACQUIS.

En totalisant les Diatomées observées dans les dépôts étudiés pour la publication de ce mémoire, nous trouvons qu'elles sont au nombre de 160; et, en négligeant 93 espèces déjà mentionnées dans les Diatomées d'Auvergne, il nous en reste 67 à ajouter à notre flore diatomique, parmi lesquelles les formes suivantes sont inédites :

Gomphonema biventralis	Dépôt de Celles.
— *acuminata* var. *gigantea*	— Verneuges.
— *insigne* var. *acuminata*	— Celles.
— *subclavatum* var. *major*	— id.
— *cantalicum* var. *lepida*	— Auxillac.
Cymbella Charetoni	— La Bade.
Encyonema Girodi	— Celles.
Navicula cellesensis	— id.
— *acrosphæria* var. *badeana*	— La Bade.
— *Dariana* var. *miocenica*	— Neussargues.
— *Gomontiana*	— Celles.
— *Pagesi*	— id.
— *Malinvaudi*	— Neussargues.
— *mesolepta* var. *Saintignyi*	— Verneuges.
— *arverna* var. *stauronciformis*	— id.
— *viridis* forma *anomala*	— id.
— *amphibola* var. *perrieri*	— Perrier.
— — var. *stauroneiformis*	— Auxillac.
— *bomboides* var. *limanense*	— Puy de Mur.
— *peregrina* var. *obtusa*	— Perrier.
— *Renauldi*	— Auxillac.
— *basaltæproxima* var. *longistriata*.	— Puy de Mur.

Actinella pliocenica.............. Dépôt de Celles.
Eunotia gracilis var. *capitata*...... — Neussargues.
Asterionella antiqua............... — Celles.
Opephora Martyi............... — Neussargues.
Campylosira Peragalli............ — Puy de Mur.
Synedra closterioides var. *fossilis*... — Auxillac.
— pliocenica..................... — La Bade.
Tetracyclus costellatus var. *turris*.. — Auxillac.
— elegans var. *eximia*............ — Celles.
— emarginatus var. *crassa*....... —   id.
— Pagesi...................... —   id.
— ellipticus var. *minutissima*....... — Auxillac.
— tripartitus var. *gracilis*........ —   id.
Melosira granulata var. *arcuata*... — Celles.
— spiralis..................... —   id.
— — var. hemisphærica.......... —   .id.
— — var. sphærica............. —   id.
Cyclotella Chareloni............. — La Bade.
— — var. scutiformis........... —   id.
— — var. radiata.............. —   id.
— Iris var. *integra*.............. — Celles.

Soit un total de 43 espèces ou variétés nouvelles pour
la flore générale.

OBSERVATIONS SUR LES DÉPOTS A DIATOMÉES

Un dépôt à Diatomées n'est autre chose, en réalité, que la vase accumulée au fond d'une masse d'eau profonde d'une étendue plus ou moins considérable.

Les dépôts ne se différencient que par leur âge géologique et par la nature de l'eau dans laquelle ils se sont formés. Qu'ils soient marins, saumâtres ou d'eau douce, le mode de formation est identique pour tous.

Dans tous les cas, les Diatomées exigent pour vivre et se multiplier, une eau pure et éclairée ; ces petites Algues ne se développent jamais dans les eaux corrompues ou bourbeuses, ni dans l'obscurité absolue.

Une nappe d'eau profonde, limpide et ensoleillée, comme le sont les lacs d'Auvergne, est particulièrement favorable au développement de ces microorganismes.

D'une façon générale, on peut dire que deux catégories de Diatomées concourent à la formation d'un dépôt : le premier groupe comprend les grandes espèces appartenant aux genres *Pinnularia (Navicula* pr. p.), *Surirella, Cymatopleura, Pleurosigma,* etc ; ces Diatomées se développent exclusivement sur la vase des fossés, des mares, des étangs, des lacs ; par conséquent, dans les lacs peu profonds, comme ceux d'Aydat (15 mètres), de Guéry (8 mètres), du Chambon (6 mètres), de Chambedaze (5 mètres), des Esclauzes (4 mètres), etc., elles pourront vivre et se propager sur toute la surface du fond où l'éclairement, quoique faible, du moins pour certains points du lac d'Aydat, suffit à leur développement normal.

Dans les lacs plus profonds, comme le lac Pavin (95 mètres), le lac Chauvet (64 mètres), le gour de Tazenat (67 mètres), etc., il y a lieu de tenir compte de la *limite de l'obscurité physiologique*, laquelle varie évidemment suivant la diaphanéité ou la transparence de l'eau ; les lacs d'Auvergne, situés presque tous dans la région montagneuse, étant d'une très grande limpidité, cette limite n'est atteinte qu'à une vingtaine de mètres, tandis que pour les lacs de la plaine elle ne descend guère audessous de 15 mètres (1). Dans ces conditions, notre premier groupe de Diatomées ne pourra se développer qu'aux bords du lac, sur une zone plus ou moins large, suivant la déclivité du sol, et la vie des petites Algues cessera dès que la profondeur de l'eau ne permettra plus l'accès de la lumière.

Le second groupe, beaucoup plus important, comprend un grand nombre d'espèces de taille minuscule, dont les frustules sont accolés en rubans ou en tubes par leur face valvaire. Elles appartiennent presque exclusivement aux genres *Melosira*, *Cyclotella*, *Meridion*, *Himantidium*, *Achnanthes*, *Fragilaria* et *Tabellaria*, et nous sont déjà connues sous le nom de *Diatomées pélagiques* ; au lieu de se développer sur la vase, comme celles du premier groupe, elles vivent et se multiplient, au contraire, à la surface de l'eau et dans les zones très supérieures fortement éclairées, où elles sont mélangées aux organismes nombreux qui forment la faune inférieure du lac. Les limnologistes ont donné à l'ensemble de ces organismes, y compris les Diatomées, le nom de *plankton*. On sait avec quelle étonnante rapidité le plankton d'un lac se transforme selon la saison, l'état de l'atmosphère et l'heure du jour. Ce curieux phénomène a attiré l'atten-

(1) M. Husnot, dans son *Muscologia gallica*, page 348, nous dit bien que le *Thamnium alopecurum* var. *lemani* Schot. a été cueilli par M. Guinet, dans le lac de Genève, à 60 mètres de profondeur ; mais, c'est là évidemment une erreur typographique ; à cette profondeur, en effet, ainsi que nous l'avons fait observer dans nos *Muscinées d'Auvergne*, page 233, le développement d'une plante à chlorophylle n'est pas possible.

tion de quelques observateurs, notamment du professeur
Cleve, de l'Université d'Upsal, de M. le professeur Dr Paul
Girod et de nos distingués collègues, MM. Ch. Bruyant et
A. Eusébio. L'étude méthodique des planktons des lacs
d'Auvergne est assurément des plus fécondes en décou-
vertes, et peut nous donner la clef de bien des faits encore mal élucidés.

Quelle que soit la transformation du plankton, les Diatomées en constituent toujours, par leur abondance, la
fraction prédominante, en particulier pendant les trois premières saisons de l'année.

Ces Algues microscopiques se multiplient surtout par
déduplication, avec une rapidité telle que de tous les points
de la surface, et à tout instant, les frustules adultes des-
cendent au fond du lac par légions innombrables; un
temps chaud et orageux active leur multiplication.

La vase n'est pas formée uniquement de carapaces siliceuses de Diatomées; des masses plus ou moins considérables de feuilles, de sable, de scories légères, apportées par
le vent, se déposent dans le lac et vont s'accumuler au
fond en s'ajoutant aux Diatomées; les lacs entourés de bois
comme le lac Pavin, le lac Servière, le lac Chambon, etc.,
reçoivent surtout de nombreuses feuilles, mais il est à
noter que ces feuilles se décomposent très rapidement;
leur conservation dans la vase diatomifère du fond ne saurait être de longue durée, et elles ne laisseront nulle trace
dans le dépôt. D'ailleurs, les dépôts quaternaires de Ceyssat, de Randanne, de Vassivière, de Ponteix, etc., sont
absolument dépourvus d'empreintes végétales, et pourtant
des feuilles innombrables se déposèrent aussi au fond des
lacs dans lesquels se sont formés ces dépôts à Diatomées;
d'où il suit que *la fossilisation des feuilles n'est pas possible au cours de la formation d'un dépôt diatomifère;*
nous insistons sur ce point, en raison de son importance
pour les résultats de nos observations.

De l'accumulation des Diatomées et de tous les objets

légers apportés par les courants aériens, il résulte que
le fond du lac s'exhausse progressivement d'une façon très
lente, mais continue. La dépression occupée par la masse
liquide finira donc par être complètement comblée par le
dépôt ; à un certain moment, la profondeur peu considérable de l'eau permettra aux plantes hydrophiles de s'établir sur la surface boueuse du dépôt, ainsi que nous le
constatons actuellement sur les anciens lacs de la Cas-
sière et d'Espinasse ; les détritus de cette végétation très
vigoureuse produiront une couche végétale de plusieurs
mètres d'épaisseur, comme celle qui recouvre aujourd'hui
le dépôt de Verneuges ; puis la masse diatomifère se des-
sèchera plus ou moins par évaporation, prendra une cou-
leur gris clair ou cendré, et la province comptera un dépôt
à Diatomées de plus, mais un lac de moins.

Tous les beaux lacs d'Auvergne sont ainsi condamnés à
disparaître successivement dans un avenir plus ou moins
éloigné ; déjà la profondeur de plusieurs est très faible,
comme celle du lac inférieur de la Godivelle, du lac des
Esclauzes, de Chambedaze, etc. Le lac Pavin sera très
probablement le dernier survivant, à cause de sa grande
profondeur actuelle et de la pureté de son dépôt. L'étude
d'un échantillon pris à 95 mètres nous a permis de constater que la vase de ce lac contient environ 90 % de valves siliceuses de Diatomées, alors que celle du lac d'Aydat
en renferme à peine 60 %. A notre avis, cette différence
énorme doit être attribuée uniquement à la situation topo-
graphique des deux lacs ; le lac Pavin, entouré de pâturages
et éloigné de terres cultivées, ne reçoit que très peu d'éléments terreux, tandis que le lac d'Aydat, situé à proxi-
mité de champs cultivés et de sommets dénudés, reçoit de
très grandes quantités de poussières et de sables volcaniques apportées par le vent. Ce dépôt est donc relativement
terreux, comparé à celui du lac Pavin, et, par suite, de
formation plus rapide.

Les détails que nous venons de donner sur la formation

d'un dépôt quaternaire, s'appliquent à tous les dépôts à Diatomées en général.

Il nous reste maintenant à examiner les dépôts diatomifères qui renferment des empreintes de feuilles.

A propos des dépôts de Celles, de Neussargues et de Joursac, nous avons fait observer qu'ils ne s'étaient pas formés à la place où nous les trouvons actuellement, et que, de plus, la florule des plantes fossiles (florule phanérogamique) contenues dans la masse à Diatomées, doit être postérieure à la florule diatomique, parce qu'elle n'a pu se former qu'à l'époque où les dépôts ont été remaniés.

Nous aurions pu ajouter qu'il doit en être ainsi pour tous les dépôts diatomifères renfermant des empreintes de feuilles ; c'est une loi générale ne comportant aucune exception.

Dans certains cas particuliers, les deux florules, bien loin d'être synchroniques, peuvent même appartenir à deux époques géologiques différentes. Tel est le cas, par exemple, du dépôt de Saint-Saturnin (Puy-de-Dôme), dont la florule phanérogamique, étudiée par l'abbé Boulay, est franchement quaternaire ; elle ne comprend, en effet, que les feuilles des végétaux ligneux, arbres et arbustes, qui peuplent et décorent de nos jours la belle vallée de la Monne. La florule diatomique, au contraire, présente non seulement une physionomie d'antiquité que n'ont pas les dépôts quaternaires, mais encore une série nombreuse de Diatomées caractéristiques des dépôts du pliocène supérieur, telles que : *Achnanthes subsessilis, Gomphonema tergestina, Navicula aponina* et *minuscula, Fragilaria bidens, Diatoma elongatum, Cymatopleura hibernica, Nitzschia norvegica* et *turgida, Melosira tenuissima, Cyclotella Meneghiniana, Stephanodiscus Astræa,* etc. La florule diatomique de ce dépôt se rapporte donc bien au pliocène supérieur, et la florule phanérogamique au quaternaire.

Le dépôt ne s'est pas formé à la place où nous l'étudions

aujourd'hui, car les feuilles très abondantes, et d'une conservation parfaite, que l'on trouve dans toute son épaisseur, n'ont pu se fossiliser au cours de la formation très lente et lacustre de la masse diatomifère ; on sait, en effet, que la conservation d'un objet délicat exige qu'il soit recouvert très rapidement, afin de le soustraire aux causes multiples de la décomposition ; or, cette condition essentielle ne saurait être réalisée pendant la formation d'un dépôt à Diatomées, ainsi que nous venons de le voir.

Le dépôt s'est donc formé à une distance plus ou moins grande du point où il est actuellement ; puis, à la suite des commotions qui ébranlèrent le sol, à l'époque des éruptions volcaniques quaternaires, auxquelles nous devons la chaîne classique des monts Dômes, il fut repris par les eaux et entraîné, sous forme d'un courant boueux, vers la dépression qu'il occupe maintenant.

Pendant que la boue diatomifère se déposait au fond de la dépression, des objets légers, tels que des feuilles d'arbres, des graines appendiculées, des insectes, etc., poussés par le vent s'y abattaient pêle-mêle, et s'ajoutaient aux objets de même nature charriés par le courant ; tous ces objets délicats étaient successivement et rapidement recouverts par l'arrivée de nouvelles quantités de dépôt. Selon les lieux et à certains moments, des sables, des scories légères, des cendres volcaniques venaient s'intercaler dans la masse diatomifère, ainsi que nous l'avons fait observer à propos du dépôt de Celles.

« Enfin la lave qui, figée, constitue le basalte, est venue comprimer le tout de sa masse et de son poids énorme, expulsant l'eau et les gaz et assurant pour des centaines de siècles la conservation parfaite d'objets parfois merveilleusement délicats (abbé Boulay) ». Nos dépôts tertiaires sont en effet recouverts par des roches d'origine volcanique, plus rarement par des accumulations morainiques (dépôt de Celles).

Tous ces phénomènes, très analogues à ceux qui ont

concouru à la formation des bassins houillers, se passèrent évidemment durant une période de calme relatif, et dans un laps de temps restreint.

Mais, comme le remaniement s'est effectué, pour chaque dépôt, dans des conditions particulières et très diverses d'ordre local, que nous ne pouvons détailler ici, il en est résulté que certains dépôts, tels que ceux d'Auxillac, de Neussargues, de Celles, etc., ne contiennent que très peu de végétaux supérieurs fossiles, contrairement à ceux de Saint-Saturnin, de Varenne, de La Bourboule, etc.

Le dépôt marin du Puy de Mur n'a pas été déplacé ; la présence des poissons fossiles qu'il renferme et l'absence d'empreintes de feuilles ne permettent pas d'admettre un remaniement de la masse diatomifère.

Quant aux dépôts à plantes fossiles qui ne contiennent pas de Diatomées, tels que ceux de Menat et de Gergovie (Puy-de-Dôme), de la Mougudo, de Saint-Vincent et de Niac (Cantal), il est évident qu'ils se sont formés à la place où nous les trouvons aujourd'hui, et leur mode de fossilisation ne diffère de celui de la florule quaternaire de Saint-Saturnin que par la nature du sédiment : au lieu d'un sédiment diatomifère nous avons, à Gergovie et à Niac, une argile fine, d'un gris clair ou cendré, à Menat, du tripoli composé d'éléments siliceux amorphes plus ou moins ténus ; à la Mougudo, à Saint-Vincent, la végétation à caractère tropical qui décorait le paysage pendant les périodes de repos des phénomènes volcaniques, était périodiquement ensevelie sous des amas de cendres ou cinérites qui en assuraient la conservation, avec tous les détails merveilleux des tissus les plus délicats.

La monographie de nos dépôts diatomifères serait très instructive, et donnerait lieu à des aperçus tout à fait inattendus. Il serait curieux, par exemple, de rechercher dans quelles conditions se sont formés les dépôts remaniés de Varenne, d'Auxillac et de Neussargues. Dans ces dépôts, on trouve des *Coscinodiscus* bien définis ; or, aujourd'hui, tous les *Coscinodiscus* sont marins; il n'est donc pas possible que ces dépôts se soient formés dans des lacs d'eau douce; les *Coscinodiscus* n'ont pu vivre et se développer que dans des lacs profonds, alimentés par de puissantes sources thermo-minérales et riches en éléments salins.

Mais que savons-nous des eaux, considérées aujourd'hui comme douces, de l'époque tertiaire, et surtout en Auvergne? — *Fiat lux!!*...

DE L'INFLUENCE DE LA LUMIÈRE ET DE L'ALTITUDE

SUR LA STRIATION DES VALVES DES DIATOMÉES

1° *Influence de la lumière.* — « Le degré d'éclairement ne peut-il pas modifier sensiblement la striation des valves siliceuses des Diatomées? Par exemple, la striation d'une espèce vivant sur les bords ensoleillés d'un lac est-elle identique à celle de la même espèce se développant à une profondeur considérable, où la lumière n'arrive que très affaiblie (1) ? »

A l'époque où nous nous posions ces deux questions (octobre 1891), nous ne possédions pas encore les éléments d'étude nécessaires pour les résoudre d'une façon satisfaisante. Aujourd'hui, grâce aux sondages effectués dans plusieurs lacs d'Auvergne, par MM. le professeur Dr P. Girod, A. Berthoule, Ch. Bruyant, A. Eusébio et P. Gautier, il nous a été possible d'élucider ce point spécial concernant le développement de nos petites Algues.

Des Characées du lac Chauvet (*Chara fragilis* et *hispida, Nitella translucens et flexilis*), provenant d'une profondeur de 15ᵐ, nous ont fourni une série de Diatomées

(1) *Les Diat. d'Auv.*, Intr., p. 13.

vivantes dont il nous a été facile de comparer la striation avec celle des *mêmes espèces* récoltées sur les bords du *même lac*. L'examen de ces deux catégories de Diatomées nous a permis de constater les faits suivants :

1° Les espèces vivant à la profondeur de 15^m se montrent normalement endochromées, et les chromatophores sont même plus vivement foncés que ceux des espèces développées au bord du lac, exposées à l'action directe des rayons solaires ;

2° La forme du frustule est généralement plus allongée et moins large ;

3° Le nombre des stries diminue par l'affaiblissement de la lumière.

Voici, d'ailleurs, les espèces sur lesquelles nous avons observé ces faits :

	Par 15^m sous l'eau.	Bords du lac.
Gomphonema capitatum Ehrb...	6 à 9 stries en 10μ.	10 à 14
Navicula elliptica Ktz...........	7 à 9 —	10 à 13
— *radiosa* Ktz...........	6 à 8 —	9 à 12
— *cardinalis* Ktz.........	5 à 7 —	7 à 10
— *mesolepta* Ehrb........	9 à 12 —	13 à 18
Stauroneis Phœnicenteron Ehrb..	9 à 12 —	14 à 16
Synedra acuta Ktz.............	9 à 11 —	12 à 16
— *Ulna* Ehrb............	7 à 9 —	10 à 13

Deux autres séries de Diatomées observées sur les *Isoetes lacustris* et *echinospora* du lac Guéry, les uns cueillis aux bords du lac et les autres par 10^m à 12^m de profondeur, nous ont fourni un résultat analogue.

Bien que nos observations ne concernent jusqu'ici que le lac Chauvet et le lac Guéry, il est à croire que les autres lacs d'Auvergne permettraient de constater les mêmes faits, et nous croyons pouvoir conclure que l'influence de la lumière sur la striation des valves des Diatomées est un fait acquis à la science.

2° *Influence de l'altitude.* — L'influence de l'altitude sur la striation des valves des Diatomées a été déjà soup-

çonnée par Schulmann (1) et par le professeur J. Brun (2);
mais ces deux diatomistes n'ont point précisé ce fait important.

M. J. Brun, le savant micrographe de la Faculté de
Genève, nous écrivait, en effet, à la date du 15 décembre
1891 :

« Pour les variations que subit la striation de la valve,
sous l'influence de l'altitude, il s'agirait de comparer, non
les espèces de la même masse d'eau, mais des exemplaires
de la *même espèce* récoltée dans la plaine et sur les hautes
montagnes. Cette donnée, mal élucidée par les diatomistes,
serait, je crois, fort intéressante. »

Au cours de nos recherches sur les Diatomées d'Auvergne, nous avons constaté que l'altitude augmente le nombre
des stries et diminue leur intensité ; en d'autres termes,
pour une même espèce cueillie dans la plaine et sur les
sommets de nos plus hautes montagnes, les stries de la
forme alpine sont plus nombreuses et moins fortes.

Les récoltes examinées, pour le département du Puy-
de-Dôme, avaient été prises près du sommet du pic de
Sancy, à une altitude de 1830^m environ, et dans un étang
près de Lezoux, altitude de 350^m.

Les espèces du Cantal provenaient d'une source froide
située près du sommet du Plomb, à une altitude de 1800^m,
et des bords du Lot, à Vieillevie, altitude 220^m.

Voici les espèces étudiées comparativement :

	Forme alpine.		Forme de la plaine.
Gomphonema dichotomum Ktz...	14 à 17 stries en 10 μ.		11 à 14
Cymbella Ehrenbergii Ktz.......	7 à 9	—	5 à 7
Navicula cuspidata Ktz.........	14 à 18	—	11 à 13
— *limosa* Ktz...........	20 à 24	—	16 à 18
— *viridis* Ktz...........	10 à 13	—	7 à 9
Synedra capitata Ehrb..........	12 à 15	—	9 à 11

(1) *Diat. du Haut-Tatra,* 1867, p. 38.
(2) *Diat. des Alpes et du Jura,* 1880, p. 18.

Tels sont les faits que nous avons constatés et que nous nous proposons de vérifier encore dans nos recherches ultérieures.

Conclusions. — 1° Sous l'influence d'un *éclairement affaibli,* voisin probablement de l'obscurité physiologique, qui existe à une profondeur de 15^m à 20^m dans les lacs d'Auvergne, *la striation des valves des Diatomées se montre moins serrée;* de plus, *la forme générale des frustules est plus allongée et plus étroite.*

2° Sous l'influence de *l'altitude, les stries sont plus nombreuses et moins fortes.*

———

Nous donnons, dans les tableaux suivants, avec la liste des Diatomées fossiles qui n'ont pas été trouvées à l'état vivant, du moins en Auvergne, les florules des principaux dépôts des deux départements.

Les diatomistes ne manqueront pas de constater l'intérêt tout spécial que présente cette partie de la flore diatomique de la province; c'est, en effet, dans les dépôts fossiles, toujours féconds en surprises, que nous avons trouvé presque toutes nos espèces et variétés nouvelles. Malgré l'importance des résultats acquis, nous n'avons pas la prétention d'avoir tout vu; le beau dépôt de Celles, en particulier, n'est pas encore suffisamment connu; nous n'avons pu lui consacrer qu'un petit nombre de semaines d'examen, alors qu'il exigerait plusieurs années de recherches.

Nous le recommandons à ceux de nos confrères en diatomologie qui s'intéressent, de préférence, à l'étude des Diatomées fossiles.

———

ESPÈCES ET VARIÉTÉS FOSSILES (DIATOMÉES D'AUVERGNE)	DÉPOTS du PUY-DE-DOME															DÉPOTS du CANTAL				
	Puy de Mur (marin)	Saint-Saturnin	Randanne	Ceyssat	Creux Mortier	Ponteix	Rouilhas-Bas	Les Queyrades	La Cassière	Verdenges	Perrier	Varenne	La Bourboule	Ravin des Egravats	Vassivière	Auxillac	La Bade	Celles	Neussargues	Joursac
Cocconeis intermedia M. Per. et F. Hérib			*			*				*										
— — var. minor nov			*																	
— Rouxii var. minor nov																				*
— tenuissima Næg									*											
— Placentula var. minor nov																*				
— californica Grun		*														*				
— Pediculus var. rotunda nov																*				
— molesta Ktz	*																			
— speciosa Greg									*							*				
— trilineatus M. Per. et F. Hérib									*							*				
Achnanthes subsessilis Ktz		*														*				
— lanceolata var. elliptica Cl																*				
— exigua Grun	*																			
Gomphonema constrictum var. elongatum nov		*	*																	
— — var. dichotoma Grun			*													*				
— capitatum var. curta V.H			*													*				
— acuminatum var. clavus V.II			*		*	*														
— — var. laticeps Grun		*	*	*		*		*	*											
— — var. trigonocephalum Ehrb		*	*	*																
— — var. intermedia Grun						*														
— — var. gigantea nov														*						
— — var. pusilla Grun						*														
— biventralis M. Per. et F. Hérib									*								*			
— subclavatum var. acuminata nov									*											
— parvulum var. subcapitata V.H				*																
— — var. major nov																	*			
— auritum A. Br		*			*				*							*				
— intricatum var. pumila Grun																*				
— cantalicum F. Hérib. et Br																*				
— — var. costalonga nov																*				
— — var. major nov																*				
— — var. lepida nov																*				
— elongatum var. minor nov										*										
— Mustela var. curvata nov										*										
— — var. minor nov				*																
— insigne Greg								*												
— — var. acuminata nov								*												
— angustatum var. intermedia Grun								*												
— sarcophagus Greg		*		*	*											*				
— semiapertum var. tergestina Grun	*																			
— Hebridense Greg																*				
— Kamtschaticum Greg												*								
Amphora Pediculus var. major Grun							*	*												
— Proteus Greg								*												
Cymbella Charetoni F. Hérib																*				
— Ehrenbergii var. minor V.H							*													
— obtusa Greg						*														
— conifera F. Hérib. et Br																*				
— Bouleana F. Hérib									*											
— norvegica Grun				*										*						

DIATOMÉES D'AUVERGNE — ESPÈCES ET VARIÉTÉS FOSSILES

DÉPOTS du PUY-DE-DOME

Espèces et variétés fossiles	Puy de Mur (marin)	Saint-Saturnin	Randanne	Ceyssat	Creux Mortier	Ponteix	Rouilhas-Bas	Les Queyrades	La Cassière	Verneuges	Perrier	Varenne	La Bourboule	Ravin des Egravats	Vassivière
Cymbella delecta A. Sch						*									
— turgidula Grun		*		*											
— gastroides var. minor Ktz		*					*								
— Pauli M. Per				*											
— scotica W. Sm				*											
— Cistula var; fusidium nov				*											
— leptoceras var. curta V. H															
— — var minor nov															
— maculata var. curta Grun			*												
Encyonema gracile var. minor Grun			*												
— Girodi F. Hérib															
Stauroneis Bruni F. Hérib. et M. Per					*										
— Phœnicenteron var. gracilis nov						*	*							*	
— amphilepta Ehrb									*						
— gallica M. Per. et F. Hérib								*							
— anceps var. amphicephala Ktz									*						
— — var. hyalina nov								*							
— acutiuscula F. Hérib. et M. Per					*										
— mesopachya Ehrb					*						*				
— scotica A. Sch				*		*									
Navicula nobilis var. gracilis nov					*										
— gentilis Donk				*	*	*	*	*			*				
— gigas var. gracilis nov											*				
— aquitaniæ F. Hérib. et Br	*														
— Po:recta Ehrb													*		
— Dariana A. Sch											*				
— — var. miocenica nov															
— Esox Ehrb								*			*				
— major var. horrida nov													*		
— viridis forma anomala nov													*		
— hemiptera var. Bielawskii nov									*						
— subacuta Ehrb							*								
— hybrida M. Per. et F. Hérib									*						
— lata var. minor nov									*						
— borealis var. minor nov											*				
— notata M. Per. et F. Hérib			*												
— costata Ehrb			*												
— megaloptera Ehrb			*												
— — var elongata nov														*	
— divergens var. undulata nov		*													
— — var. prolongata nov														*	
— basaltæproxima F. Hérib et Br	*														
— — var. longistriata nov	*														
— — var. bigibba nov	*														
— recta F. Hérib. et Bc	*														
— Braunii Grun											*				
— icostorum var. conifera nov	*														
— stauroptera Grun		*					*	*							
— — var. gracilis Pet							*	*							
— gibba var. hyalina nov							*	*							
— acrosphæria var. minor nov								*							

DÉPOTS du CANTAL

Espèces et variétés fossiles	Auxillac	La Bade	Celles	Neussargues	Joursac
Cymbella delecta A. Sch					
— turgidula Grun		*			*
— gastroides var. minor Ktz					
— Pauli M. Per			*		
— scotica W. Sm			*		
— Cistula var; fusidium nov					
— leptoceras var. curta V. H	*				
— — var minor nov	*				
— maculata var. curta Grun					
Encyonema gracile var. minor Grun					
— Girodi F. Hérib			*		
Stauroneis Bruni F. Hérib. et M. Per					
— Phœnicenteron var. gracilis nov					
— amphilepta Ehrb					
— gallica M. Per. et F. Hérib					
— anceps var. amphicephala Ktz					
— — var. hyalina nov					
— acutiuscula F. Hérib. et M. Per					
— mesopachya Ehrb					
— scotica A. Sch					
Navicula nobilis var. gracilis nov					
— gentilis Donk					
— gigas var. gracilis nov					
— aquitaniæ F. Hérib. et Br					
— Po:recta Ehrb					
— Dariana A. Sch					
— — var. miocenica nov				*	
— Esox Ehrb					
— major var. horrida nov					
— viridis forma anomala nov					
— hemiptera var. Bielawskii nov					
— subacuta Ehrb					
— hybrida M. Per. et F. Hérib					
— lata var. minor nov					
— borealis var. minor nov					
— notata M. Per. et F. Hérib					
— costata Ehrb					
— megaloptera Ehrb					
— — var elongata nov					
— divergens var. undulata nov					
— — var. prolongata nov					
— basaltæproxima F. Hérib et Br					
— — var. longistriata nov					
— — var. bigibba nov					
— recta F. Hérib. et Bc					
— Braunii Grun					
— icostorum var. conifera nov					
— stauroptera Grun					
— — var. gracilis Pet					
— gibba var. hyalina nov					
— acrosphæria var. minor nov					

Table: **DIATOMÉES D'AUVERGNE** — columns 2–16 are **DÉPOTS du PUY-DE-DOME**; columns 17–21 are **DÉPOTS du CANTAL**.

ESPÈCES ET VARIÉTÉS FOSSILES	Puy de Mur (marin)	Saint-Saturnin	Randanne	Ceyssat	Creux Mortier	Ponteix	Rouilhas-Bas	Les Queyrades	La Cassière	Verneuges	Perrier	Varenne	La Bourboule	Ravin des Egravats	Vassivière	Auxillac	La Bade	Celles	Neussargues	Joursac
Navicula acrosphæria var. lævis nov		*		*														*		
— — var. badeana nov																	*			
— bicapitata var. hybrida Grun									*											
— brevistriata Grun								*												
— stomatophora Grun										*										
— Bogotensis Grun								*												
— globiceps Greg						*														
— decurrens Ehrb							*													
— mesolepta var. Saintignyi F. Hérib										*										
— Termes Ehrb						*														
— — var. stauroneiformis V.H							*													
— mesotyla Ehrb		*				*														
— macra Grun					*			*		*										
— Legumen var. vix-undulata V.H						*	*												*	
— peregrina Ehrb											*	*	*				*			
— — var. obtusa nov											*	*								
— rostellata var. minor V.H									*											
— Cyprinus Donk	*																			
— Hitchcockii Ehrb																*				
— gastrum Donk		*																		
— — var. elliptica nov												*								
— — var. major nov												*								
— lanceolata Ktz									*											
— dicephala var. minor W. Sm								*	*											
— bomboides A. Sch	*																			
— — var. minor nov	*																			
— — var. media Cl. et Gr	*																			
— — var. limanense nov	*																			
— crassirostris Cl. et Grun	*																			
— Pagesi F. Hérib																		*		
— Smithii Bréb																	*			
— elliptica var. oblongella Næg		*							*							*			*	
— — var. minutissima Grun					*															
— — var. major nov					*															
— Renauldi F. Hérib		*																		
— amphibola var. perrieri nov													*							
— — var. stauroneiformis nov													*			*				
— arverna F. Hérib. et M. Per											*	*	*							
— — var. stauroneiformis nov													*							
— digito-radiata Greg													*							
— cuspidata var. craticula nov					*															
— — var. Heribaudi M. Per					*															
— Bouhardi F. Hérib																		*		
— Malinvaudi F. Hérib																		*		
— Placentula Ehrb								*										*	*	*
— Gumontiana F. Hérib																	*	*		
— serians var. minima Grun														*			*			
— — var. Peragalli nov														*						
— aponina Ktz		*																		
— lineolata Ehrb		*															*			
— limosa var. gibberula Grun		*																		

DIATOMÉES D'AUVERGNE	DÉPOTS du PUY-DE-DOME															DÉPOTS du CANTAL				
ESPÉCES ET VARIÉTÉS FOSSILES	Puy de Mur (marin)	Saint-Saturnin	Randanne	Ceyssat	Creux Mortier	Ponteix	Rouilhas-Bas	Les Queyrades	La Cassière	Verneuges	Perrier	Varenne	La Bourboule	Ravin des Egravats	Vassivière	Auxiliac	La Bade	Celles	Neussargues	Joursac
Navicula limosa var. subinflata Grun															*					
— — var. undulata Grun			*		*															
— Heribaudi M. Per												*								
— ventricosa var. minuta Grun				*												*				
— Columnaris Ehrb						*														
— transversa A. Sch																		*		
— Iridis var. angustata nov									*											
— lævissima var. elongata nov									*											
— dilatata Ehrb					*	*	*													
— Peisonis Grun						*														
— dubia Ehrb						*														
— amphirhynchus var. major nov									*											
— cellesensis F. Hérib																		*		
— americana Ehrb									*											
— — var. bacillaris nov									*											
— — var. minor nov									*											
— ampliata Ehrb		*	*	*	*		*	*	*	*										
— — var. minor nov										*										
— bisulcata Lag					*				*											
— — var. major nov									*											
— Bacillum var. minor nov										*										
— bacilliformis Grun									*	*										
— lepida Greg										*										
— pseudobacillum Grun										*										
— — var. major nov		*																		
— Papula var. minuta Ktz		*					*		*											
— Creguti F. Hérib			*	*				*												
— — var. lanceolata nov			*	*				*												
— minima Grun						*														
— falaisensis Grun						*														
— Julieni F. Hérib	*																			
— minuscula Grun		*																		
Amphiprora recta Greg	*																			
Epithemia turgida var. crassa nov					*															
— Hyndmannii W. Sm												*	*			*	*	*		*
— — var. curta nov													*							
— gibba forma longissima nov						*														
— — forma minor nov																	*			
— succincta Bréb																	*			
— Argus var. amphicephala Grun		*																		
— — var. alpestris W. Sm						*														
— constricta W. Sm																	*			
— Zebra var. longissima nov									*											
— — var. longicornis nov				*				*												
— — var. undulata nov				*																
— — var. minor nov				*																
— — forma curta nov			*																	
Eunotia Arcus var. hybrida Grun														*						
— — var. plicata nov																*				
— gracilis var. major nov					*														*	
— — var. capitata nov																			*	

DIATOMÉES D'AUVERGNE / ESPÈCES ET VARIÉTÉS FOSSILES	DÉPOTS du PUY-DE-DOME															DÉPOTS du CANTAL				
	Puy de Mor (marin)	Saint-Saturnin	Randanne	Ceyssat	Creux Mortier	Ponteix	Ronilhas-Bas	Les Queyrades	La Cassière	Verneuges	Perrier	Varenne	La Bourboule	Ravin des Egravals	Vassivière	Auxillac	La Bade	Celles	Neussargues	Joursac
Eunotia pectinalis var. ventricosa Grun															*					
— — var. stricta Rab															*			*		
— minor Rab				*		*		*	*	*								*		
— parallela Ehrb						*		*							*					
— Faba Grun		*																		
— monodon Ehrb						*														
— impressa Ehrb														*						
— — var. angusta Grun						*		*	*								*	*		
— polyglyphis Grun																*	*	*		
— tridentula var. bidentula W. Sm								*	*											
— Rabenhorstii var. monodon V. H				*																
— lunaris var. subarcuata Grun									*									*		
Actinella pliocenica F. Hérib. et M. Per	*																			
Raphoneis belgica Grun	*															*				
— — var. elongata Grun	*															*				
— amphiceros Ehrb	*															*				
Synedra Ulna var. lævis Ktz		*																		*
— pliocenica F. Hérib. et M. Per				*												*				
— Arcus var. fossilis Grun				*												*				
— subtilis Ktz											*					*				
— ventricosa M. Per. et F. Hérib																*				
— Crotonensis Edw																*				
— delicatissima W. Sm					*															
— — var. mesoleia Grun				*																
— capitellata Grun																*				
— affinis Ktz	*															*				
— hyperborea Grun	*															*				
— — var. subtilis Grun	*															*				
— closterioides var. fossilis F. Hérib. et M. Per	*															*				
Asterionella antiqua M. Per. et F. Hérib	*															*				
— formosa var. gracillima Grun		*														*				
Fragilaria bidens Heib		*														*				
— — var. minor Heib		*														*				
— construens var. genuina Grun																*				
— elliptica Schum				*	*	*		*	*	*	*			*		*		*	*	*
— — var. minor Grun		*		*												*				
— intermedia Grun		*														*				
— brevistriata var. lapponica Grun	*	*														*	*			
— — var. subacuta V. H	*	*														*				
— pacifica Grun	*	*														*				
— — var. trigona nov	*															*				
— virescens var. exigua Grun								*										*		
— — var. ventricosa nov					*															
— — var. elongata nov						*		*		*										
Campylosira Peragalli F. Hérib	*																			
Diatoma elongatum Ag		*											*							
— anceps var. anomalum W. Sm				*		*			*											
Opephora Martyi F. Hérib	*															*				
Tabellaria flocculosa var. biceps Ehrb																*				
Peronia Heribaudi M. Per. et Br																*				
Striatella Girodi F. Hérib	*															*				

DIATOMÉES D'AUVERGNE / ESPÈCES ET VARIÉTÉS FOSSILES	DÉPOTS du PUY-DE-DOME															DÉPOTS du CANTAL				
	Puy de Mur (marin)	Saint-Saturnin	Randanne	Ceyssat	Creux Mortier	Ponteix	Rouilhas-Bas	Les Queyrades	La Cassière	Verneuges	Perrier	Varenne	La Bourboule	Ravin des Egravats	Vassivière	Auxillac	La Bade	Celles	Neussargues	Joursac
Tetracyclus emarginatus (Ehrb.) M. P. et F. Hérib.												*						*	*	*
— — var. crassa *nov*																		*		
— costellatus (Ehrb.) M. Per. et F. Hérib.																		*		
— — var. turris *nov*																*				
— decoratus F. Hérib. et Br.	*																			
— elegans (Ehrb.) M. Per. et F. Hérib.	*																			
— var. eximia *nov*																		*		
— ellipticus (Ehrb.) M. Per. et F. Hérib.																*		*		
— — var. minutissima *nov*																				
— Lamina (Ehrb.) F. Hérib. et M. Per.																				
— stella (Ehrb.) F. Hérib. et M. Per																				
— Pagesi F. Hérib.																				
— Lancea (Ehrb.) M. Per. et F. Hérib.																				
— rhombus (Ehrb.) F. Hérib. et M. Per.																				
— compressus (Ehrb.) F. Hérib. et M. Per																				
— tripartitus F. Hérib. et Br.																				
— — var. gracilis *nov*																				
Cymatopleura hibernica W. Sm.		*																		
— — var. major *nov*		*																		
Hantzschia amphioxys var. major Grun.				*																
— — var. intermedia Grun.				*										*						
— — var. vivax Grun.				*																
Nitzschia fossilis Grun.				*																
— socialis var. basaltica *nov.*	*																	*		
— panduriformis var. lucida *nov*	*																	*		
— spectabilis Rab.	*		*						*									*		
— tubicola Grun.								*	*											
— acutiuscula Grun.				*																
— ignimontana Br. et F. Hérib.	*																			
Surirella norvegica Ehrb.		*																*		
— splendidula var. minuta A. Sch		*										*								
— turgida W. Sm.		*																		
— Bruni F. Hérib.	*																	*		
— striatula Turp.	*	*																*		
— — var. Gautieri *nov.*	*																	*		
Campylodiscus Thuretii Bréb.	*																	*		
Stenopterobia anceps Lew.	*																			
Periptera saxogallica F. Hérib. et Br.	*																	*		
Melosira Borreri Grév.	*																	*		
— — ignimontana F. Hérib.	*																	*		
— crenulata var. undulata *nov.*							*		*											
— canalifera Br. et F. Hérib.																*				
— lineolata Grun.				*																
— granulata var. arcuata *nov*																		*		
— spiralis Ktz.																		*	*	
— — var. sphærica *nov.*																		*		
— — var. hemisphærica *nov.*																		*	*	
— — var procera Grun.													*							
— tenuissima Grun.		*														*				
— Sól Ehrb.																		*		
— Bruni F. Hérib. et M. Per.														*						

ESPÈCES ET VARIÉTÉS FOSSILES	DÉPOTS du PUY-DE-DOME															DÉPOTS du CANTAL				
(DIATÓMÉES D'AUVERGNE)	Puy de Mur (marin)	Saint-Saturnin	Randanne	Ceyssat	Creux Mortier	Ponteix	Rouilhas-Bas	Les Queyrades	La Cassière	Verneuges	Perrier	Varenne	La Bourboule	Ravin des Egravals	Vassivière	Auxiliac	La Bade	Celles	Neussargues	Joursac
Melosira varennarum M. Per. et F. Hérib.												*	*			*		*		
— Boulayana M. Per.																		*	*	
— striata M. Per. et F. Hérib.									*											
— Heribaudi Br.	*																			
Cyclotella Temperei F. Hérib.																*				
— Meneghiniana Ktz.	*															*				
— Kutzinginiana Chauv.																*				
— — var. rectangulata Grun																*				
— stelligera Cl. et Grun									*											
— Iris F. Hérib. et Br.																*				
— — var. ovalis nov.																*				
— — var. integra nov.																*				
— — var. cocconeiformis nov.														*			*			
— Charetoni F. Hérib.																	*			
— — var. scutiformis nov.																	*			
— — var. radiata nov.																	*			
Stephanodiscus Astræa Ktz.		*																		
— minutula Grun													*							
— Hantzschianus Grun				*			*													
Coscinodiscus pygmæus M. Per. et F. Hérib.	*			*			*					*				*				*
— — var. micropunctatus nov.												*								
— — var. crassipunctatus nov.												*								
— radiatus Ehrb.	*											*								
— dispar M. Per. et F. Hérib.												*								
— — var. radiata nov.												*								
— exasperans Roth	*											*							*	
— chambonis M. Per. et F. Hérib.												*						*		
Heribaudia ternaria M. Per.												*								
Total : 333 espèces ou variétés	42	35	21	27	29	27	34	40	28	25	8	14	6	7	21	57	12	34	16	7

Parmi ces 333 espèces ou variétés fossiles, il en est au moins une centaine, appartenant aux dépôts quaternaires, qui ont été trouvées à l'état vivant, soit en France, soit dans d'autres régions de l'Europe centrale; des recherches ultérieures permettront très probablement de constater que la plupart de ces Diatomées vivent aussi en Auvergne.

Quelques-uns de nos dépôts sont extrêmement intéressants pour les diatomistes qui s'occupent de préférence des espèces fossiles; tels sont : le très curieux dépôt marin du Puy de Mur, avec ses nombreuses espèces franchement marines; les dépôts tertiaires de Saint-Saturnin, de Varenne, d'Auxillac, de la Bade et de Celles; les dépôts quaternaires de Ceyssat, du Creux Mortier, de Ponteix, des Queyrades, de Verneuges et de Vassivière.

Nous pouvons procurer tous les dépôts d'Auvergne, en échantillons très authentiques, aux diatomistes qui désireraient les posséder à titre d'éléments d'étude.

PLANCHE VII

PLANCHE VII.

———

Fig.
1. *Navicula Bouhardi* F. Hérib.
2. — *acrosphæria* var. *badeana* M. Per. et F. Hérib.
3. — *basaltæproxima* var. *longistriata* F. Hérib. et M. Per.
4. — *viridis* forma *anomala* M. Per. et F. Hérib.
5. — *mesolepta* var. *Saintignyi* F. Hérib.
6. — *Malinvaudi* F. Hérib.
7. — *Pagesi* F. Hérib.
8. — *Dariana* var. *miocenica* M. Per. et F. Hérib.
9. — *Renauldi* F. Hérib.
10. — *arverna* var. *stauroneiformis* M. Per. et F. Hérib.
11. — *amphibola* var. *perrieri* M. Per. et F. Hérib.
12. — — var. *stauroneiformis* F. Hérib. et M. Per.
13. — *cellesensis* F. Hérib.
14. — *Gomontiana* F. Hérib.
15. — *bomboides* var. *limanense* F. Hérib. et M. Per.
16. — — var. *minor* F. Hérib.
17. *Cymbella Charetoni* F. Hérib.
18. *Encyonema Girodi* F. Hérib.
19. *Synedra pliocenica* F. Hérib. et M. Per.

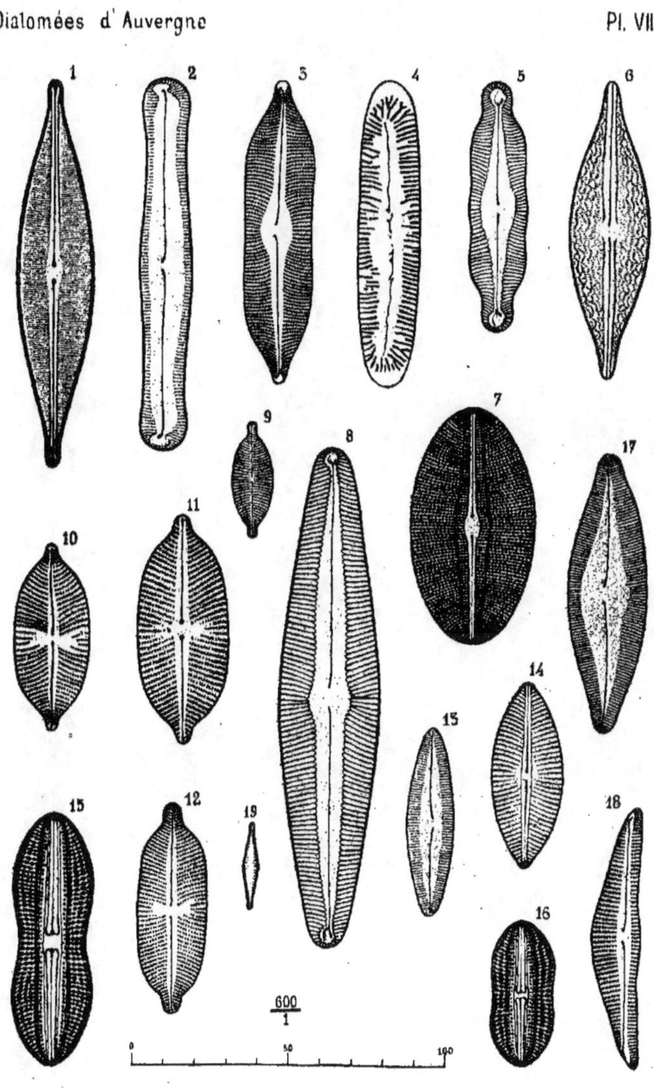

M. Peragallo del.

PLANCHE VIII

PLANCHE VIII.

Fig.

1. *Gomphonema cantalicum* var. *lepida* F. Hérib. et M. Per.
2. — *acuminatum* var. *gigantea* M. Per. et F. Hérib.
3. — *bicentralis* M. Per. et F. Hérib.
4. — *insigne* var. *acuminata* F. Hérib. et M. Per.
5 et 6. *Synedra closterioides* var. *fossilis* M. Per. et F. Hérib.
        5, deux frustules accolés vus par leur face connective;
        6, face valvaire.
7. *Actinella pliocenica* F. Hérib. et M. Per.
8. *Asterionella antiqua* M. Per. et F. Hérib.
9. *Tetracyclus stella* (Ehrb.) M. Per. et F. Hérib.
10. — *Pagesi* F. Hérib.
11. — *tripartitus* var. *gracilis* F. Hérib. et M. Per.
12. — *costellatus* (Ehrb.) M. Per. et F. Hérib.
13. — — var. *turris* F. Hérib. et M. Per. (anneau connectif).
14. — *elegans* (Ehrb.) M. Per. et F. Hérib.
15. — — var. *eximia* F. Hérib. et M. Per.
16. — *emarginatus* var. *crassa* M. Per. et F. Hérib.
17, 18 et 19. *Campylosira Peragalli* F. Hérib.
        17, face valvaire; 18, face connective; 19, déduplication.
20. *Opephora Martyi* F. Hérib.
21. *Eunotia gracilis* var. *capitata* M. Per. et F. Hérib.
22 et 23. *Cyclotella Temperei* F. Hérib.
        22, face connective; 23, face valvaire.
24 et 26. *Melosira spiralis* var. *hemisphærica* M. Per. et F. Hérib.
        24, deux frustules accolés; 26, face valvaire.
25. — — var. *sphærica* F. Hérib. et M. Per.
27 et 28. — *Boulayana* M. Per.
        27, valve supérieure; 28, valve inférieure.
29. *Cyclotella Iris* F. Hérib. et Br. (forma *typica*).
30. — *Charetoni* F. Hérib.
31. — — var. *integra* F. Hérib. et M. Per.

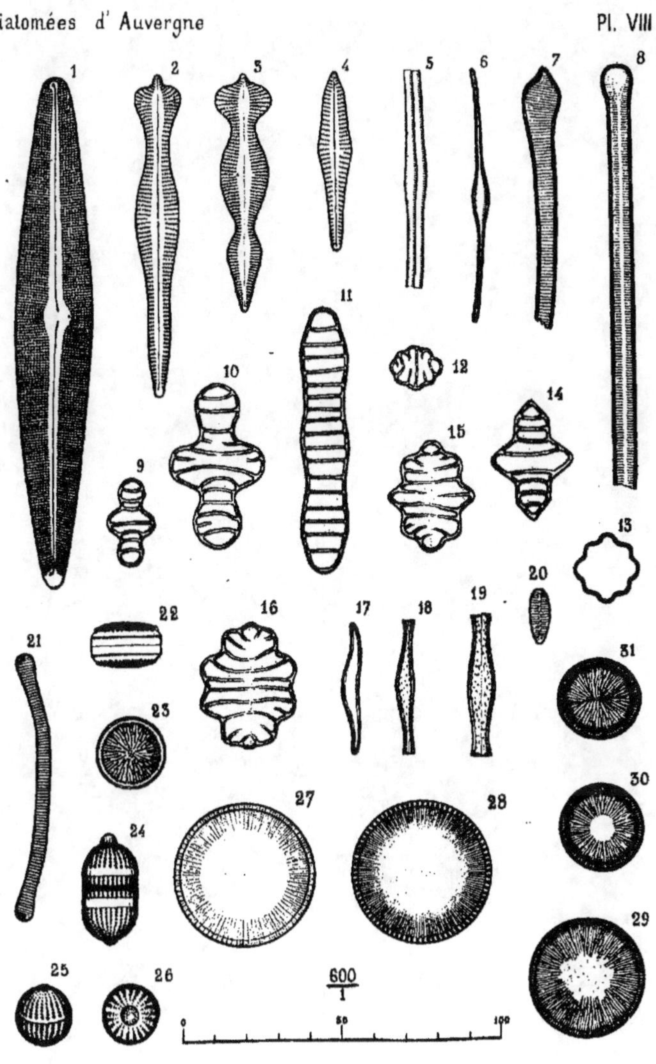

M. Peragallo del.

CATALOGUE ALPHABÉTIQUE

DES

DIATOMÉES D'AUVERGNE

Achnanthes Biasolettiana Grun.
— coarctata Grun.
— delicatula Grun.
— exigua Grun.
— exilis Ktz.
— flexella Bréb.
— — var. alpestris J. Br.
— gibberula Cl.
— hungarica Grun.
— lanceolata Grun,
— var. elliptica Cl.
— microcephala Grun.
— minutissima Ktz.
— Peragalli F. Hérib. et Br.
— subsessilis Ktz.
— trinodis Grun.
Actinella pliocenica F. Hérib.
Amphipleura pellucida Ktz.
Amphiprora recta Greg.
Amphora acutiuscula Ktz.
— affinis Ktz.
— Ergadensis Greg.
— gracilis Ehrb.
— hyalina Ktz.
— Normanii Rab.
— ovalis Ktz.
— Pediculus Grun.
— — var. exilis Grun.
— — var. major Grun.
— — var. minor Grun.

Amp. Proteus Greg.
— salina W. Sm.
— venola Ktz.
Asterionella antiqua F. Hérib.
— formosa Hass.
— — var. gracillima Grun.
Campylodiscus costatus W. Sm.
— noricus Ehrb.
— Thuretii Bréb.
Campylosira Peragalli F. Hérib.
Ceratoneis Arcus Ktz.
— var. amphioxys Rab.
Cocconeis californica Grun.
— intermedia F. Hérib. et M. Per.
— — var. minor *nov.*
— lineata Grun.
— — var. euglypta Grun.
— — forma minor *nov.*
— molesta Ktz.
— Pediculus Ehrb.
— — var. rotunda *nov.*
— Placentula Ehrb.
— — forma minor *nov.*
— Rouxii F. Hérib.
— — var. minor *nov.*
— salina Rab.
— speciosa Greg.
— tenuissima Næg.
— trilineatus F. Hérib. et M. Per.
Coscinodiscus chambouis *nob.*

Cosc. exasperans Roth.
— dispar F. Hérib. et Br.
— var. radiata *nov.*
— pygmæus M. Per. et F. Hérib.
— — var. micropunctata *nov.*
— — var. crassipunctata *nov.*
— radiatus Ehrb.
Cyclotella bodanica Eul.
— Charetoni F. Hérib.
— — var scutiformis *nov.*
— — var. radiata *nov.*
— comensis Grun.
— comta Ktz.
— var. arverna *nov.*
— Iris F. Hérib. et Br.
— — var. integra *nov.*
— — var. ovalis *nov.*
— — var. cocconeiformis *nov.*
— Kutzingiana Chauv.
— Meneghiniana Ktz.
— — var. rectangulata Grun.
— operculata Ktz.
— — var. antiqua W. Sm.
— stelligera Cl. et Grun.
— Temperei F. Hérib.
Cymatopleura elliptica W. Sm.
— — var. constricta Grun.
— — var. subconstricta Grun.
— hibernica W. Sm.
— — var. major *nov.*
— Solea Bréb.
— — var. apiculata Pritch.
Cymbella affinis Ktz.
— alpina Grun.
— — forma minor *nov.*
— amphicephala Næg.
— anglica Lag.
— aspera Ehrb.
— Bouleana F. Hérib.
— Charetoni F. Hérib.
— Cistula Hempr.
— — var. fusidium *nov.*
— conifera F. Hérib. et Br.
— cuspidata Ktz.
— cymbiformis Ehrb.
— delecta A. Sch.
— Ehrenbergii Greg.
— — var. minor V. H.
— gastroides Ktz.
— — var. minor V. H.

Cymb. helvetica Ktz.
— lævis Næg.
— lanceolata Ehrb.
— leptoceras Ktz.
— — forma curta *nov.*
— — forma minor *nov.*
— maculata Ktz.
— — forma curta Grun.
— microcephala Grun.
— naviculiformis Auersw.
— norvegica Grun.
— obtusa Greg.
— parva W. Sm.
— Pauli M. Per.
— pusilla Grun.
— stomatophora Grun.
— subæqualis Grun.
— tumida Bréb.
— turgidula Grun.
Denticula elegans Ktz.
— — var. thermalis Ktz.
— frigida Ktz.
— inflata W. Sm.
— tennis Ktz.
— — var. intermedia Grun.
— — var. mesolepta Grun.
Diatoma anceps Grun.
— — var. anomalum W. Sm.
— Ehrenbergii Ktz.
— — var. Grande W. Sm.
— elongatum Ag.
— hyemale Heib.
— Mesodon Ktz.
— pectinale Ktz.
— tenue Ag.
— vulgare Bory.
— — var. lineare W. Sm.
Encyonema cæspitosum Ktz.
— — var. lata V. H.
— Girodi F. Hérib.
— gracile Rab.
— — var. lunata W. Sm.
— — forma minor Grun.
— lunata Grun.
— Pediculus Ktz.
— prostratum Ralfs.
— turgidum Grun.
— ventricosum Ktz.
— — var. excisa *nov.*
— — var. minuta Hilse.

Epithemia Argus Ktz.
— — var. amphicephala Grun.
— — var. alpestris W. Sm.
— constricta W. Sm.
— gibba Ehrb.
— — var. parallela Grun.
— — var. ventricosa Grun.
— — forma longissima *nov.*
— gibberula Ehrb.
— — var. producta Grun.
— Hyndmannii W. Sm.
— — var. curta *nov.*
— ocellata Ehrb.
— rupestris W. Sm.
— Sorex Ktz.
— succincta Bréb.
— turgida Ktz.
— — var. granulata Grun.
— — var. Vertagus Ktz.
— — forma crassa *nov.*
— Westermannii Ktz.
— Zebra Ktz.
— — var. minor *nov.*
— — var. longicornis *nov.*
— — var. longissima *nov.*
— — var. proboscidea Grun.
— — var. undulata *nov.*
— — forma curta *nov.*

Eunotia Arcus Ehrb.
— — var. bidens Grun.
— — var. hybrida Grun.
— — var. plicata *nov.*
— Faba Grun.
— flexuosa Ktz.
— — var. bicapitata Grun.
— gracilis Rab.
— — var. capitata *nov.*
— — var. major *nov.*
— impressa Ehrb.
— — var. angusta Grun.
— incisa Greg.
— lunaris Grun.
— — var. bilunaris Grun.
— — var. excisa Grun.
— — var. subarcuata Grun.
— major Rab.
— — var. bidens W. Sm.
— minor Rab.
— monodon Ehrb.
— — var. diodon Ehrb.

Eun. — var. hendecaodon Ralfs.
— paludosa Grun.
— parallela Ehrb.
— pectinalis Rab.
— — var. elongata Rab.
— — var. stricta Rab.
— — var. undulata Ralfs.
— — var. ventricosa Grun.
— polyglyphis Grun.
— prærupta Ehrb.
— — var. inflata Grun.
— — var. bigibba Ktz.
— Rabenhorstii Cl. et Grun.
— robusta Ralfs var. tetraodon Ehrb.
— tridentula Ehrb.
— — var. bidentula W. Sm.

Fragilaria æqualis Lag.
— bidens Heib. forma major Heib.
— binodis Ehrb.
— — var. obliqua *nov.*
— brevistriata Grun.
— — var. lapponica Grun.
— — var. Mormorum Grun.
— — var. pusilla Grun.
— — var. subcapitata Grun.
— capucina Desm.
— — var. acuminata Grun.
— — var. acuta Grun.
— — var. mesolepta Grun.
— construens Grun.
— — var. capitata *nov.*
— — var. genuina Grun.
— — var. pumila Grun.
— — var. Venter Grun.
— elliptica Schum.
— — forma minor Grun.
— Harrisonii Grun.
— hyalina Grun.
— intermedia Grun.
— lapponica Grun.
— mutabilis Grun.
— nitzschioides Grun.
— — var. brasiliensis Grun.
— pacifica Grun.
— — var trigona *nov.*
— parasitica Grun.
— — var. subconstricta Grun.
— producta Grun.
— striatula Lyngb.
— undata W. Sm.

Fr. virescens Ralfs.
— — var. elongata *nov.*
— — var. exigua *nov.*
— — var. ventricosa *nov.*
Gomphonema abbreviatum Ktz.
— acuminatum Ehrb.
— — var. clavus V. H.
— — var. coronata Ehrb.
— — var. gigantea *nov.*
— — var. intermedia Grun.
— — var. laticeps Grun.
— — var. pusilla Grun.
— — var. trigonocephalum Ehrb.
— affine Ktz.
— augustatum Grun.
— — var. intermedia Grun.
— — var. producta Grun.
— — var. subæqualis Grun.
— Augur Ehrb.
— — var. Gautieri V. H.
— auritum A. Br.
— biventralis F. Hérib. et M. Per.
— Brebissonii Ktz.
— cantalicum F. Hérib.
— — var. costalonga *nov.*
— — var. lepida *nov.*
— — forma major *nov.*
— capitatum Ehrb.
— — var. curta *nov.*
— clavatum Ehrb.
— commutatum Grun.
— constrictum Ehrb.
— — var. elongata *nov.*
— — var. subcapitata Grun.
— Cygnus Ehrb.
— dichotomum W. Sm.
— elongatum W. Sm.
— — var. minor *nov.*
— exiguum Ktz.
— geminatum Ag.
— Hebridense Greg.
— insigne Greg.
— — var. acuminata *nov.*
— intricatum Ktz.
— — var. dichotoma Grun.
— var. pumila Grun.
— Kamtschaticum Grun.
— micropus Ktz.
— — var. minor Grun.
— montanum Schum.

Gomph. — var. pumila Grun.
— Mustela Ehrb.
— — var. curvata *nov.*
— — forma minor *nov.*
— olivaceum Ehrb.
— parvulum Ktz.
— — var. lanceolata Ehrb.
— — var. subcapitata V. H.
— Sarcophagus Greg.
— semiapertum var. tergestina Grun.
— subtile Ehrb.
— subclavatum Grun.
— — var. acuminata *nov.*
— — var. major *nov.*
— tenellum Ktz.
— Vibrio Ehrb.
Hantzschia amphioxys Grun.
— — var. intermedia Grun.
— — var. major Grun.
— — var. vivax Grun.
— elongata Grun.
Heribaudia ternaria M. Perag.
Mastogloia Dansei Thw.
— Smithii Thw.
Melosira arenaria Moor.
— Borreri Grev.
— — var. ignimontana *nov.*
— Boulayana M. Per.
— Bruni F. Hérib.
— canalifera F. Hérib. et Br.
— crenulata Ktz.
— — var. ambigua Grun.
— — var. undulata *nov.*
— — var. valida Grun.
— Dickiei Ktz.
— distans Ehrb.
— — var. alpigena Grun.
— granulata Ehrb.
— — var. arcuata *nov.*
— Heribaudi J. Br.
— lævis Grun.
— lineolata Grun.
— lirata Ehrb.
— — var. lacustris Grun.
— nivalis W. Sm.
— orichalcea Mertens.
— Rœseana Moor.
— Sol (Ehrb.) Ktz.
— spiralis Ktz.
— — var. hemisphærica *nov.*

Mel. — var. sphærica *nov.*
— striata F. Hérib. et M. Per.
— tenuis Grun.
— tenuissima Grun.
— undulata Ktz.
— — var. producta A. Sch.
— varennarum M. Per. et F. Hérib.
— varians Ag.
Meridion circulare Ag.
— constrictum Ralfs.
Navicula acrosphæria Bréb.
— — var. badeana *nov.*
— —. var. lævis *nov.*
— — var. minor *nov.*
— acuminata W. Sm.
— affinis Ehrb.
— — var. undulata Grun.
— ambigua Ehrb.
— americana Ehrb.
— — var. bacillaris *nov.*
— — forma minor *nov.*
— amphibola var. perrieri *nov.*
— — var. stauroneiformis *nov.*
— amphigomphus Ehrb.
— amphirhynchus Ehrb.
— — var. major *nov.*
— amphisbæna Bory.
— ampliata Ehrb.
— — var. minor. *nov.*
— anglica Ralfs.
— aponina Ktz.
— appendiculata Ktz.
— — var. irrorata Grun.
— aquitaniæ F. Hérib. et Br.
— — var. undulata *nov.*
— arverna F. Hérib. et M. Per.
— — var. stauronciformis *nov.*
— atomoides Grun.
— atomus Grun.
— bacillaris Greg.
— bacilliformis Grun.
— Bacillum Ehrb.
— basaltæproxima F. Hérib. et Br.
— — var. bigibba *nov.*
— . — var. longistriata *nov.*
— bicapitato Lag.
— — var. hybrida Grun.
— biceps Greg.
— binodis W. Sm.
— bisulcata Lag.

Nav. — var. major *nov.*
— Bogotensis Grun.
— bomboides A. Sch.
— — var. limauense *nov.*
— — var. media Grun.
— — var. minor *nov.*
— borealis Ktz.
— — var. major *nov.*
— — var. minor *nov.*
— Bouhardi F. Hérib.
— Braunii Grun.
— Brebissonii Ktz.
— — var. diminuta Grun.
— — var. elongata *nov.*
— — var. ovalis H. Perag.
— — var. subproducta Grun.
— brevistriata Grun.
— cardinalis Ktz.
— cellosensis F. Hérib.
— Cesatii Rab.
— cincta Ktz.
— Columnaris Ehrb.
— costata Ehrb.
— crassinervia Bréb.
— crassirostris Cl. et Grun.
— Creguti F. Hérib.
— — var. lanceolata *nov.*
— cryptocephala Ktz.
— cuspidata Ktz.
— — var. Heribaudi *nov.*
— — forma craticula *nov.*
— Cyprinus W. Sm.
— Dactylus Ehrb.
— Dariana A. Sch.
— — var. miocenica *nov.*
— decurrens Ehrb.
— digito-radiata Greg.
— dilatata Ehrb.
— dicephala W. Sm.
— — var. minor W. Sm.
— divergens W. Sm.
— — var. prolongata *nov.*
— — var. undulata *nov.*
— dubia Ehrb.
— elliptica Ktz.
— — var. extenta W. Sm.
— — var. major *nov.*
— — var. minutissima Grun.
— — var. oblongella Næg.
— Esox Ehrb.

Nav. exilis Grun.
— falaisensis Grun
— firma Ktz.
— gastrum Donk.
—   — var. elliptica *nov.*
—   — forma major *nov.*
— gentilis Donk.
— gibba Ehrb.
—   — var. hyalina *nov.*
— gigas Ehrb.
— globiceps Greg.
— Gomontiana F. Hérib..
— gracilis Ehrb.
— gracillima Pritch.
— Gregaria Donk.
— hemiptera Ktz.
—   — var. Bielawskii *nov.*
— Heribaudi M. Perag.
— Heufleri Grun.
— Hitchcockii Ehrb.
— humilis Donk.
— hybrida F. Hérib. et M. Per.
— icostauron var. conifera *nov.*
— Iridis Ehrb.
—   — var. angustata *nov.*
— Julieni F. Hérib.
— lævissima Ktz.
—   — var. elongata *nov.*
— lanceolata Ktz.
— lata Bréb.
—   — var. minor *nov.*
— Legumen Ehrb.
—   — var. vix-undulata V. H.
— lepida Greg..
— leptocephala Bréb.
— limosa Ktz.
—   — var. curta Grun.
—   — var. gibberula Grun.
—   — var. subinflata Grun.
—   — var. undulata Grun.
—   — forma major *nov.*
— lineolata Ehrb.
— longa Greg.
— macra Grun.
— major Ktz.
—   — var. horrida *nov.*
—   — var. interrupta *nov.*
— Malinvaudi F. Hérib.
— megaloptera Ehrb.
— Menisculus A. Sch.

Nav. — var. upsalensis Grun.
— mesolepta Ehrb.
—   — var. Saintignyi F. Hérib.
—   — var. stauronciformis Grun.
— mesotyla Ehrb.
— minima Grun.
— minuscula Grun.
— mutica Ktz.
—   — var. Cohnii V. H.
— nivalis Ehrb.
—   — var. interrupta W. Sm.
— nobilis Ehrb.
—   — var. gracilis *nov.*
— nodosa Ktz.
— notata F. Hérib. et Br.
— oblonga Ktz.
— ovalis Hilse.
— Pagesi F. Hérib.
— parva Grun.
— patula W. Sm.
— Peisonis Grun.
— pelliculosa Hilse.
— peregrina Heib.
—   — var. obtusa *nov.*
— perminuta Grun.
— perpusilla Grun.
— Placentula Ehrb.
— Porrecta Ehrb.
— producta W. Sm.
— pseudobacillum Grun.
— pumila Grun.
— Pupula Ktz.
—   — var. minuta V. H.
— pusilla W. Sm.
— radiosa Ktz.
—   — var. acuta Grun.
— recta F. Hérib. et Br.
— Reinhardtii Grun.
— Renauldi F. Hérib.
— rhomboides Ehrb.
— rhyncocephala Ktz.
— rostellata Ktz.
— Rotæana Grun.
—   — var. miner Grun.
—   — var. oblongella Grun.
— rupestris Ktz..
— sculpta Ehrb.
— scutelloides Grun.
— seminulum Grun.
—   — var. fragilarioides Grun.

Nav. serians Ktz.
— — var. minima Grun.
— — var. minor Grun.
— — var. Peragalli *nov.*
— slésvicensis Grun.
— Smithii Bréb.
— sphærophora Ktz.
— stauroptera Grun.
— — var. gracilis P. Petit.
— stomatophora Grun.
— subacuta Ehrh.
— subcapitata Greg.
— — var. paucistriata Grun.
— var. stauroneiformis Grun.
— Tabellaria Ehrb.
— tenella Bréb.
— Termes Ehrb.
— — var. stauroneiformis V. H.
— transversa A. Sch.
— trinodis W. Sm.
— tuscula Grun.
— ventricosa Donk.
— viridis Ktz.
— — var. curta A. Sch.
— — var. commutata Grun.
— — forma anomala *nov.*
— viridula Ktz.
— vulgaris Heib.
— — var. lacustris. J. Br.
Nitzschia acicularis W. Sm.
— acutiuscula Grun.
— acuminata Grun.
— amphibia Grun.
— — var. Frauenfeldii Grün.
— angustata W. Sm.
— bilobata W. Sm.
— — var. hybrida Grun.
— Brebissonii W. Sm.
— Calida Grun.
— communis Rab.
— — var. obtusa Grun.
— commutata Grun.
— constricta Greg.
— denticula Grun.
— dissipata Grun.
— — var. media Grun.
— dubia W. Sm.
— fonticola Grun.
— fossilis Grun.
— frustulum Grun.

Nitz. — var. Bulnheimiana Grun.
— — var. minutula Rab.
— — var. perpusilla Rab.
— Hantzschiana Rab.
— hungarica Grun.
— ignimontana F. Hérib. et Br.
— inconspicua Grun.
— Kittlii Grun.
— linearis W. Sm.
— — var. major V. H.
— microcephala Grun.
— minuta Bleisch.
— obtusa W. Sm.
— — var. scapelliformis Grun.
— ovalis Arn.
— Palea Ktz.
— — var. exilis Grun.
— — var. tenuirostris Grun.
— panduriformis Greg.
— — var. lucida *nov.*
— recta Htz.
— sigmoidea Nitz.
— — var. armoricana Grun.
— sinuata Grun.
— socialis Greg.
— — var. basaltica *nov.*
— spectabilis Rab.
— subtilis Grun.
— Tabellaria Grun.
— tenuis Grun.
— thermalis Auersw.
— Tryblionella Htz.
— tubicola Grun.
— vermicularis Htz.
— Victoriæ Grun.
— vitrea Norm.
— — var. gallica *nov.*
Opephora Martyi F. Hérib.
Periptera saxogallica F. Hérib.
Peronia Heribaudi M. Per.
Pleurosigma acuminatum Grun.
— — var. scalproides Rab.
— attenuatum Ktz.
— Kutzingii Grun.
— Spencerii W. Sm.
Raphoneis amphiceros Ehrb.
— — forma minor Grun.
— belgica Grun.
— — var. elongata Grun.
Rhoicosphenia curvata Gr.

Rh. Van Heurckia Grun.
Rouxia Peragalli F. Hérib. et Br.
Stauroneis acuta W. Sm.
— acutiuscula F. Hérib. et M. Per.
— amphilepta Ehrb.
— anceps Ehrb.
—   — var. amphicephala Ktz.
—   — var. hyalina *nov.*
— Bruni F. Hérib.
— dilatata W. Sm.
— gallica F. Hérib. et M. Per.
— gracilis W. Sm.
— Legumen Ehrb.
— Mesopachya Ehrb.
— Phœnicenteron Ehrb.
—   — var. gracilis *nov.*
—   — var. lanceolata J. Br.
—   — forma crassa *nov.*
— platystoma Ehrb.
— scotica A. Sch.
— Smithii Grun.
Stenopterobia anceps Lewis.
Stephanodiscus Astræa Ktz.
—   — var. minutula Grun.
— Hantzschianus Grun.
Striatella Girodi F. Hérib.
Surirella angusta Ktz.
—   — var. contorta P. Petit.
— biseriata Bréb.
—   — var. elliptica P. Petit.
—   — var. linearis W. Sm.
—   — var. subacuminata V. H.
— Bruni F. Hérib.
— Crumena Bréb.
— elegans Ehrb.
— gracilis Grun.
—   — var. minor J. Br.
— helvetica J. Br.
— ovalis Bréb.
— norvegica Ehrb.
— ovata Ktz.
—   — var. minuta Bréb.
—   — var. pinnata W. Sm.
— patella Ehrb.
— robusta Ehrb.
— salina W. Sm.
— saxonica Auersw.
— spiralis Ktz.
— splendida Ehrb.
— splendidula A. Sch.

Sur. striatula Turp.
—   — var. Gautieri F. Hérib.
— tenera Greg.
—   — var. splendidula Greg.
— turgida W. Sm.
Synedra acuta Ktz.
—   — var. oxyrhynchus Ktz.
— Acus Grun.
—   — var. angustissima Grun.
—   — var. fossilis Grun.
—   — var. subtilis Grun.
—   — var. ventricosa *nov.*
— delicatissima W. Sm.
—   — var. mesoleia Grun.
— affinis Ktz.
— barbatula Ktz.
— capitata Ehrb.
— capitellata Grun.
— clostorioides var. fossilis *nov.*
— Crotonensis Edw.
— delicatissima W. Sm.
— gracilis Ktz.
— hyperborea Grun.
— pliocenica F. Hérib.
— radians Ktz.
— rumpens Grun.
— Ulna Ehrb.
—   — var. amphirhynchus Ehrb.
—   — var. bicurvata Grun.
—   — var. danica Ktz.
—   — var. lanceolata Ktz.
—   — var. longissima W. Sm.
—   — var. obtusa W. Sm.
—   — var. spathulifera Grun.
—   — var. subæqualis Grun.
—   — var. vitrea Ktz.
— Vaucheriæ Ktz.
—   — var. parvula Ktz.
—   — var. truncata Ktz.
Tabellaria fenestrata Ktz.
—   — var. nodosa Ehrb.
—   — var. trinodis Ehrb.
— flocculosa Ktz.
—   — var. biceps Ehrb.
Tetracyclus Braunii Grun.
— compressus (Ehrb.) *nob.*
— costellatus (Ehrb.) *nob.*
—   — var. turris *nov.*
— decoratus F. Hérib. et Br.
— emarginatus W. Sm.

Tetr. — var. crassa *nov.*	**Tetr.** lancea (Ehrb.) *nob.*
— elegans (Ehrb.) *nob.*	— Pagesi F. Hérib.
— — var. eximia *nov.*	— tripartitus F. Hérib. et Br.
— ellipticus (Ehrb.) *nob.*	— — var. gracilis *nov.*
— — var. minutissima *nov.*	— rhombus Ralfs.
— Lamina (Ehrb.) *nob.*	— stella (Ehrb.) *nob.*

Les Diatomées énumérées dans notre Catalogue s'élèvent à 772 espèces ou variétés ; tel est le résultat de nos patientes et longues recherches sur ces merveilleux microphytes de la Flore d'Auvergne.

Malgré l'importance relative des faits acquis, il reste encore beaucoup à découvrir ; ainsi que nous l'avons dit plus haut, nos dépôts sont loin d'avoir livré toutes les formes intéressantes qu'ils recèlent ; leur exploration mérite d'être poursuivie.

La mise en œuvre des matériaux considérables que nous possédons sur les Lichens d'Auvergne, en vue de la publication prochaine d'un travail d'ensemble sur ce vaste groupe de végétaux inférieurs, ne nous permet pas de continuer l'étude attrayante des Diatomées ; nous laissons donc à nos confrères en diatomologie le soin de compléter le modeste résultat de nos labeurs.

Les jeunes diatomistes qui marcheront dans la voie que nous avons essayé de leur frayer, n'ont pas à craindre de voir l'attrait du nouveau manquer à leurs recherches ; ainsi que l'a dit le savant abbé Boulay, les œuvres divines, à l'encontre de celles de l'homme qui n'entame que la surface, ont en profondeur des ressources indéfinies ; il suffit d'appliquer à un point du domaine scientifique, souvent minime à première vue, la part d'intelligence que nous avons reçue du Créateur pour entrevoir des merveilles encore inexplorées.

Clermont-Ferrand. — Imprimerie Mont-Louis, rue Barbançon, 4 et 6.

BIBLIOTHEQUE NATIONALE DE FRANCE
3 7531 03987035 8

9 782019 536312